机械制造技术

张彦民　刘龙海　王计栓 ◎著

吉林科学技术出版社

图书在版编目（CIP）数据

机械制造技术 / 张彦民，刘龙海，王计栓著. -- 长春：吉林科学技术出版社，2023.5
ISBN 978-7-5744-0451-9

Ⅰ．①机… Ⅱ．①张… ②刘… ③王… Ⅲ．①机械制造工艺－研究 Ⅳ．①TH16

中国国家版本馆 CIP 数据核字(2023)第 105705 号

机械制造技术

作　　者	张彦民　刘龙海　王计栓	
出 版 人	宛　霞	
责任编辑	王丽新	
幅面尺寸	185 mm×260mm	
开　　本	16	
字　　数	326 千字	
印　　张	14.25	
版　　次	2023 年 5 月第 1 版	
印　　次	2023 年 5 月第 1 次印刷	

出　　版　吉林科学技术出版社
发　　行　吉林科学技术出版社
地　　址　长春市净月区福祉大路 5788 号
邮　　编　130118
发行部电话/传真　0431-81629529　81629530　81629531
　　　　　　　　　81629532　81629533　81629534

储运部电话　0431-86059116

编辑部电话　0431-81629518

印　　刷　北京四海锦诚印刷技术有限公司

书　　号　ISBN 978-7-5744-0451-9
定　　价　85.00 元

版权所有 翻印必究 举报电话：0431-81629508

前　言

　　制造业是国民经济和国防建设的重要基础，是立国之本、兴国之器、强国之基。没有强大的制造业，就没有国民经济的可持续发展，更不可能支撑强大的国防事业。纵观历史，世界强国的发展之路，无不是以规模雄厚的制造业为支撑。先进制造业特别是其中的高端装备制造业已成为大国博弈的核心和参与国际竞争的利器。

　　随着机械制造技术的不断发展，各项技术在机械制造业中都有着广泛的应用，计算机技术、传感技术、自动化技术等都促进了机械制造技术的发展，通过各种技术的融合，并且在机械制造各个环节中的应用，使得机械制造工业各个方面的发展日趋成熟，能够更加有效地进行产品的设计、制造还有生产以及管理，后续的销售和服务等工作也能更好进行。使得人员、经营以及技术这三者之间的配合作用也更加明显，也促进了企业的新产品开发还有行业竞争力的提升。机械制造技术是一项面向工业生产的技术，其技术的应用是非常实用的。它具有量大面广、讲究时效性的特点，内涵还是非常丰富的。所以，它并不是仅仅局限于制造过程，同样还涉及到产品从市场的调研、产品的开发还有各项生产准备等方面，能够将这些环节有机地结合起来，其整个环节遵循了低耗、高效的发展的原则，旨在提升制造业的经济效益以及社会效益。

　　本书以通俗易懂的语言较为系统地介绍了机械制造学科的基础知识和制造技术。从机械制造的概述谈起，介绍了工程材料的改性、机械制造工艺过程、机械加工质量控制、常用机械加工方法及装备等，还介绍了机械零部件及设备的修理、机械设备润滑及维护保养。本书内容不但包括了机械制造方面的经典理论和方法，还结合现代化建设的需要，与机械制造业的发展接轨，详细介绍了当今机械制造业中的一些高新技术原理、特点及应用，力求内容详简得当、深入浅出、学用结合、重点突出，使读者获得机械制造生产中必须具备的基础理论知识和基本技能。

目 录

第一章 机械制造概述

第一节 机械制造业的概述

一、机械制造的含义

机械是现代社会进行生产和服务的六大要素（人、资金、能量、信息、材料和机械）之一，并且能量和材料的生产还必须有机械的直接参与。机械就是机器设备和工具的总称，它贯穿现代社会各行各业、各个角落，任何现代产业和工程领域都需要应用机械。例如，农民种地要靠农业工具和农机，纺纱需要纺织机械，压缩饼干、面包等食品需要食品机械，炼钢需要炼钢设备，发电需要发电机械，交通运输业需要各种车辆、船舶、飞机等；各种商品的计量、包装、存储、装卸需要各种相应的工作机械，就连人们的日常生活，也离不开各种各样的机械，如汽车、手机、照相机、电冰箱、钟表、洗衣机、吸尘器、多功能按摩器、跑步机、电视机、计算机等。总之，现代社会进行生产和服务的各行各业都需要各种各样不同功能的机械，人们与机械须臾不可分离。

大家都知道，而且也都能够体会到上述各行各业的各种不同机械和工具的重要性。但这些机械是哪里来的？当然不是从天上掉下来的，而是依靠人们的聪明才智制造生产出来的。"机械制造"也就是"制造机械"，这就是制造的最根本的任务。因此，广义的机械制造含义就是围绕机械的产出所涉及的一切活动，即利用制造资源（设计方法、工艺、设备、工具和人力等）将材料"转变"成具有一定功能的、能够为人类服务的有用物品的全过程和一切活动。显然，"机械制造"是一个很大的概念，是一门内容广泛的知识学科和技术，而传统的机械制造则泛指机械零件和零件毛坯的金属切削加工（车、铣、刨、磨、钻、镗、线切割等加工）、无切削加工（铸造、锻压、焊接、热处理、冲压成形、挤压成形、激光加工、超声波加工、电化学加工等）和零件的装配成机。

制造业是将制造资源（物料、能源、设备、工具、资金、技术、信息、人力等），通过一定的制造方法和生产过程，转化为可供人们使用和利用的工业品与生活消费品的行业，是国民经济和综合国力的支柱产业。

制造系统是制造业的基本组成实体，是制造过程及其所涉及的硬件、软件和人员组成的一个将制造资源转变为产品的有机整体。

机械是制造出来的，由于各行各业的机械设备不同、种类繁多，因此机械制造的涉及面非常广，冶金、建筑、水利、机械、电子、信息、运载和农业等各个行业都要有制造业的支持，冶金行业需要冶炼、轧制设备；建筑行业需要塔吊、挖掘机和推土机等工程机械。制造业在我国一直占据重要地位，在20世纪50年代，机械工业就分为通用、核能、航空、电子、兵器、船舶、航天和农业等八个部门。进入21世纪，世界正在发生极其广泛和深刻的变化，随之牵动的机械制造业也发生了翻天覆地的变化。但是，不管世界如何变化，机械制造业一直是国民经济的基础产业，它的发展直接影响到国民经济各部门的发展。

二、机械制造工业发展趋势展望

机械制造工业的发展和进步，在很大程度上取决于机械制造技术的水平和发展。在科学技术高度发展的今天，现代工业对机械制造技术提出了更高的要求。特别是计算机科学技术的发展，使得常规机械制造技术与信息技术、数控技术、传感技术、液气光电等技术的有机结合，给机械制造技术的发展带来了新的机遇，也给予机械制造技术许多新的技术和新的概念，使得机械制造技术向智能化、柔性化、网络化、精密化、绿色化和全球化方向发展成为趋势。21世纪机械制造技术发展的总趋势集中表现在以下几方面：

（一）向高柔性化、高自动化方向发展

随着国际、国内市场的不断发展变化，竞争已趋白热化，机电类产品发展迅速且更新换代越来越快，多品种中小批量生产已成为今后生产的主要类型。目前，以解决中小批量生产自动化问题为主要目标的计算机数控（CNC）、加工中心（MC）、计算机辅助设计/计算机辅助制造（CAD/CAM）、柔性制造系统（FMS）、计算机集成制造系统（CIMS）等高新技术的发展，缩短了产品的生产周期，提高了生产效率，保证了产品质量，产生了良好的经济效益。

（二）向高精度化方向发展

在科学技术发展的今天，对产品的精度要求越来越高，精密加工和超精密加工已成为必然。航空航天、军事等尖端产品的加工精度已达纳米级，所以必须采用高精度、通用可调的数控专用机床，高精度、可调式组合夹具，以及与之相配套的高精度刀具、量具和检测技术。在未来的激烈竞争中，是否掌握精密和超精密的加工技术，是体现一个国家制造水平的重要标志。

（三）向高速度、高效率方向发展

高速切削、强力切削可极大地提高加工效率，降低能源消耗，从而降低生产成本，但要具有与之相配套的加工设备、刀具材料、刀具涂层、刀具结构等才能实现。

（四）向绿色化方向发展

减少机械加工对环境的污染，减少能源的消耗，实现绿色制造是国民经济可持续发展的需要，也是机械制造工业面临的新课题。目前，在一些先进数控机床上已采用了低温空气、负压抽吸等新型冷却技术，通过对废液、废气、废油的再利用等来减少对环境的污染；另外，绿色制造技术在汽车、家电等行业中也已得到了应用，相信未来会有更多的行业在绿色制造领域中有大的作为。

第二节　机械产品的生产过程组织

将原材料或半成品转变为成品的全过程，称为生产过程。它包括原材料的运输和保管；生产的准备工作；毛坯的制造；零件的机械加工；零件的热处理；部件和产品的装配、检验、油漆和包装以及全程的跟踪质量管理等。

一、机械产品生产过程

制造系统覆盖产品的全部生产过程即市场需求调研、产品设计、产品制造、产品质量管理、产品销售等的全过程。在这个全过程中，由物质流（主要指由毛坯到产品的有形物质的流动）、信息流（主要指生产活动的设计及市场需求调研、规划、调度与控制）及资金流（包括了成本管理、利润规划及费用流动等）等构成了整个制造系统。

（一）产品设计

产品设计是企业产品开发的核心，产品设计必须保证技术上的先进性与经济上的合理性等。

产品设计一般有三种形式，即创新设计、改进设计和变形设计。创新设计（开发性设计）是按用户的使用要求进行的全新设计；改进设计（适应性设计）是根据用户的使用要求，对企业原有产品进行改进或改型的设计，即只对部分结构或零件进行重新设计；变形设计（参数设计）仅改进产品的部分结构尺寸，以形成系列产品的设计。产品设计的基本内容包括：编制设计任务书、方案设计、技术设计和图样设计等。

1.编制设计任务书

设计任务书是产品设计的指导性文件，其主要内容包括：确定新产品的用途、适用范围、使用条件和使用要求，设计和试制该产品的依据，确定产品的基本性能、结构和主要参数，概括性地做出总体布置、机械传动系统图、电气系统图、产品型号、尺寸标准系列、计算技术经济指标等。

2.方案设计

方案设计的主要内容是确定产品的基本功能、性能、结构和参数。方案设计是产品设计的造型阶段，一般包括：产品的功能和使用范围、产品的总体方案设计和外观造型设计、产品的原理结构图及产品型号、尺寸、性能参数、标准等，并对设计方案进行技术经济指标的计算以及经济效果分析。

3.技术设计

技术设计是产品设计的定型阶段，对于机电产品一般包括：试验、计算和分析确定重要零部件的结构、尺寸与配合；绘制出总图、重要零部件图、液压（气动）系统图、冷却系统图和电气系统图；编写设计说明书等。

4.图样设计

图样设计是指绘制出全套工作图样和编写必要的技术文件，为产品制造和装配提供依据。其主要内容包括：设计并绘制全部零件的工作图，详细注明尺寸、公差配合、材料和技术条件，绘制产品总图、部件图、安装图，编写零件明细表，设计制定产品使用说明书和维护保养规程等。

（二）工艺设计

工艺设计的基本任务是保证生产的产品能符合设计的要求，制定优质、高产、低耗的产品制造工艺规程，制定出产品的试制和正式生产所需要的全部工艺文件。包括：对产品图纸的工艺分析和审核、拟订加工方案、编制工艺规程以及工艺装备的设计和制造等。

1.产品图纸的工艺分析和审查

主要内容包括：产品的结构是否与产品类型相适应，零部件标准化、通用化程度，图纸设计是否充分利用现有的工艺标准，零件的形状尺寸、配合与精度是否合理，选用的材料是否合适等。

2.拟订工艺方案

拟订工艺方案包括：确定试制新产品、改造老产品过程中的关键零部件的加工方法，确定工艺路线、工艺装备及装配要求。

3.编制工艺规程卡

工艺规程是指规定零件的加工工艺过程和操作方法等。一般包括下列内容：零件加工的工艺路线、各工序的具体内容及所用的设备和工艺装备、零件的检验项目及检验方法、切削用量、工时定额等。工艺规程的形式和内容与生产类型有关，一般编制机械加工工艺卡片。

4.工艺装备的设计和制造

工艺装备（简称工装）通常是对工具、夹具、量具、相关模具和工位器具等的总称。工装分为通用和专用两类，通用工装可用来加工不同的产品，专用工装只能用于特定产品的加工。通用的、重要复杂的工艺装备一般由工艺工程师设计，简易工装可由生产车间（或分厂）自行设计。

凡制造完成并经检验合格的专用工装设备，在投入产品零件生产前应在现场进行试验，其目的是通过实际操作来检验工艺规程和工艺装备的实用性、正确性，并帮助操作者正确掌握生产技术要求，以达到规定的加工质量和生产率。

（三）零件加工

零件的加工过程是坯料的生产以及对坯料进行各种机械加工、特种加工和热处理等，使其成为合格零件的过程。极少数零件加工采用精密铸造或精密锻造等无屑加工方法。通常毛坯的生产工艺有：铸造、锻造、焊接等；常用的机械加工方法有：钳工加工、车削加工、钻削加工、刨削加工、铣削加工、镗削加工、磨削加工、数控机床加工、拉削加工、研磨加工、珩磨加工等；常用的热处理方法有：退火、正火、淬火、回火、调质、时效等；特种加工有：电火花成形加工、电火花线切割加工、电解加工、激光加工、超声波加工等。只有根据零件的材料、结构、形状、尺寸、使用性能等，选用适当的加工方法，才能保证产品的质量，生产出合格零件。

（四）检验

检验是采用测量器具对毛坯、零件、成品、原材料等进行尺寸精度、形状精度、位置精度的检测，以及通过目视检验、无损探伤、机械性能试验及金相检验等方法对产品质量进行的鉴定。

测量器具包括量具和量仪。常用的量具有钢直尺、卷尺、游标卡尺、卡规、塞规、千分尺、角度尺、百分表等，用以检测零件的长度、厚度、角度、外圆直径、孔径等。另外，螺纹的测量可采用螺纹千分尺、三针量法、螺纹样板、螺纹环规、螺纹塞规等。

常用量仪有浮标式气动量仪、电子式量仪、电动式量仪、光学量仪、三坐标测量仪等，除可用以检测零件的长度、厚度、外圆直径、孔径等尺寸外，还可对零件的形状误差和位置误差等进行测量。

特殊检验主要是指检测零件内部及外表的缺陷。其中无损探伤是在不损害被检对象的前提下，检测零件内部及外表缺陷的现代检验技术。无损检验方法有直接肉眼检验、射线探伤、超声波探伤、磁力探伤等，使用时应根据无损检测的目的，选择合适的方法和检测规范。

（五）装配

任何机械产品都是由若干个零件、组件和部件组成的。根据规定的技术要求，将零件和部件进行必要的配合及连接，使之成为半成品或成品的工艺过程称为装配。将零件、组件装配成部件的过程称为部件装配；将零件、组件和部件装配成最终产品的过程称为总装配。装配是机械制造过程中的最后一个生产阶段，其中还包括调整、检验、试验、油漆和包装等工作。

机器的质量、工作性能、使用效果、可靠性和使用寿命除与产品的设计和材料选择有关外，还取决于零件的制造质量和机器的装配质量。通过装配，可以发现设计上的不足和零件加工工艺中存在的问题。装配工作对机器质量的影响很大，若装配不当，即使所有零件都合格，也不一定能装配出合格的、高质量的机械产品。反之，若零件制造精度不高，而在装配中采用适当的装配工艺方法进行选配、刮研、调整等，也能使产品达到规定的要求。

（六）入库

企业生产的成品、半成品及各种物料为防止遗失或损坏，放入仓库进行保管，称为入库。

入库时应进行入库检验，填好检验记录及有关原始记录；对量具、仪器及各种工具做好保养、保管工作；对有关技术标准、图纸、档案等资料要妥善保管；保持工作地点及室内外整洁，注意防火、防湿，做好安全工作。

第三节　机械加工工种分类

工种是对劳动对象的分类称谓，也称工作种类，如，电工、钳工等。机械加工工种一般分为冷加工、热加工、特种加工和其他工种几大类。生产过程中人们将根据产品的技术要求选择各种加工方法。

一、冷加工工种

（一）钳工

钳工是制造企业中不可缺少的一个用手工方法来完成加工的工种。

钳工工种按专业工作的主要对象不同又可分为普通钳工、装配钳工、模具钳工、修理钳工等。不管是哪一种钳工，要完成好本职工作，首先要掌握好钳工的各项基本操作技术，主要包括：划线、錾削、锯割、锉削、钻孔、扩孔、锪孔、铰孔、攻螺纹和套螺纹、刮削、研磨、测量、装配和修理等。

（二）车工

车削加工是一种应用最广泛、最典型的加工方法。车工是指操作车床（车床按结构及其功用可分为卧式车床、立式车床、数控车床以及特种车床等）对工件旋转表面进行切削加工的工种。

车削加工的主要工艺内容为：车削外圆、内孔、端面、沟槽、圆锥面、螺纹、滚花、成形面等。

（三）铣工

铣工是指操作各种铣床设备（铣床按结构及其功用可分为：普通卧式铣床、普通立式铣床、万能铣床、工具铣床、龙门铣床、数控铣床、特种铣床等），对工件进行铣削加工的工种。

铣削加工的主要工艺内容为：铣削平面、台阶面、沟槽（键槽、T形槽、燕尾槽、螺旋槽）以及成形面等。

（四）刨工

刨工是指操作各种刨床设备（常用的刨削机床有：普通牛头刨床、液压刨床、龙门刨床和插床等），对工件进行刨削加工的工种。

刨削加工的主要工艺内容为：刨削平面、垂直面、斜面、沟槽、V形槽、燕尾槽、成形面等。

（五）磨工

磨工是指操作各种磨床设备（常用的磨床有普通平面磨床、外圆磨床、内圆磨床、万能磨床、工具磨床、无心磨床以及数控磨床、特种磨床等），对工件进行磨削加工的工种。

磨削加工的主要工艺内容为：磨削平面、外圆、内孔、圆锥、槽、斜面、花键、螺纹、特种成形面等。

除上述工种外，常见的冷加工工种还有：钣金工、镗工、冲压工、组合机床操作工等。

二、热加工工种

（一）铸造工

铸造是将经过熔化的液态金属浇注到与零件形状、尺寸相适应的铸型中，冷却凝固后获得毛坯或零件的一种工艺方法。

1.铸造的方法

（1）砂型铸造

砂型铸造是以砂为主要造型材料制备铸型的一种铸造方法。目前，90%以上的铸件都是用砂型铸造方法生产的。

（2）特种铸造

特种铸造是指除砂型铸造以外的其他铸造方法。常用的方法有金属砂型铸造、熔模铸造、压力铸造、离心铸造、壳型铸造等。

2.铸造的特点

（1）成形方便，适应性强，利用液态成形，适应各种形状、尺寸、不同材料的铸件。

（2）生产成本低，较为经济，节省金属，材料来源广泛，设备简单。

（3）铸件组织性能差，铸件晶粒粗大，力学性能差。

（二）锻压工

锻压是借助于外力作用，使金属坯料产生塑性变形，从而获得所要求形状、尺寸和力学性能的毛坯或零件的一种压力加工方法。

1.锻压加工的分类

（1）自由锻造

利用冲击力或静压力使经过加热的金属在锻压设备的上、下砧铁之间塑性变形、自由流动的加工方法。

（2）模样锻造

把金属坯料放在锻模模膛内施加压力使其变形的一种锻造方法，简称模锻。

（3）板料冲压

将金属板料置于冲模之间，使板料产生分离或变形的加工方法。通常在常温下进行，也称冷冲压。

2.锻压的特点

（1）改善金属组织、提高力学性能，锻压的同时可消除铸造缺陷，均匀成分，形成纤维组织，从而提高锻件的力学性能。

（2）节约金属材料，比如：在热轧钻头、齿轮、齿圈及冷轧丝杠时节省了切削加工设备和材料的消耗。

（3）较高的生产率，比如在生产六角螺钉时采用模锻成形就比切削加工效率约高50倍。

（4）锻压主要生产承受重载荷零件的毛坯，如机器中的主轴、齿轮等，但不能获得形状复杂的毛坯或零件。

（三）焊接工

焊接是通过加热或加压（或两者并用），并且用（或不用）填充材料，使焊件达到原子间结合的连接方法。

1.焊接的种类

根据焊接的过程可分为三类：

（1）熔化焊

将待焊处的母材金属熔化以形成焊缝的焊接方法，主要有电弧焊、气焊、电渣焊、等离子弧焊、电子束焊、激光焊等。

（2）压力焊

通过加压和加热的综合作用，以实现金属接合的焊接方法，主要包括电阻焊、摩擦焊、爆炸焊等。

（3）钎焊

以熔点低于被焊金属熔点的焊料填充接头形成焊缝的焊接方法，主要包括软钎焊和硬钎焊。

2.焊接的特点

（1）焊接与其他连接方法有本质的区别，不仅在宏观上建立了永久性的联系，在微观上也建立了组织之间原子级的内在联系。

（2）焊接比其他连接方法具有更高的强度、密封性且质量可靠、生产率高、便于实现自动化。

（3）节省金属，工艺简单，可以很方便地采用锻—焊、铸—焊等复合工艺，生产大型复杂的机械结构和零件。

（4）焊接是一个不均匀加热的过程，焊后的焊缝易产生焊接应力，易引起变形。

（四）热处理工

金属材料可通过热处理改变其内部组织，从而改善材料的工艺性能和使用性能，所以热处理在机械制造业中占有很重要的地位。

热处理工是指操作热处理设备，对金属材料进行热处理加工的工种。根据不同的热处理工艺，一般可将热处理分成整体热处理、表面热处理、化学热处理和其他热处理四类。

三、特种加工工种

（一）电火花加工与线切割加工工种

电火花加工是利用工具电极和工件电极间瞬时放电所产生的高温来熔蚀工件表面的材料，也称为放电加工或电蚀加工。电火花加工原理如图1-1所示。工具和工件一般都浸在工作液中（常用煤油、机油等做工作液），自动调节进给装置使工具与工件之间保持一定的放电间隙（0.01～0.20mm），当脉冲电压升高时，使两极间产生火花放电，放电通道的电流密度为10^5～10^6A/cm^2，放电区的瞬时高温达10 000℃以上，使工件表面的金属局部熔化，甚至气化蒸发而被蚀除微量的材料，当电压下降后，工作液恢复绝缘。这种放电循环每秒钟重复数千到数万次，使工件表面形成许多小的凹坑，称为电蚀现象。

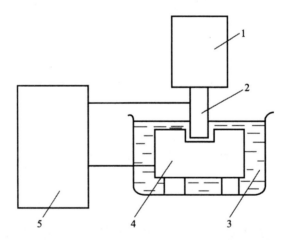

1-自动进给调节装置；2-工具电极；3-工作液；4-工件；5-直流脉冲总电源

图1-1 电火花加工原理示意图

线切割是线电极电火花切割的简称。线切割的加工原理与一般的电火花加工相同，其区别是所使用的工具不同，它不靠成形的工具电极将形状尺寸复制到工件上，而是用移动着的电极丝（一般小型线切割机采用0.08～0.12mm的钼丝，大型线切割机采用0.3mm左右的钼丝）以数控的加工方法按预定的轨迹进行线切割加工，适用于切割加工形状复杂、精密的模具和其他零件，加工精度可控制在 0.01mm 左右，表面粗糙度 $Ra \leqslant 2.5\mu\text{m}$。

（二）电解加工工种

电解加工是利用金属在电解液中的"阳极溶解"将工件加工成形的。电解加工原理如图1-2所示。加工时，工件接直流电源（电压为 $5\sim25\text{V}$，电流密度为 $10\sim100\text{A/cm}^2$）的阳极，工具接电源的阴极。进给机构控制工具向工件缓慢进给，使两级之间保持较小的间隙（$0.1\sim1\text{mm}$），从电解液泵出来的电解液以一定的压力（$0.5\sim2\text{MPa}$）和速度（$5\sim50\text{m/s}$）从间隙中流过，这时阳极工件的金属被逐渐电解腐蚀，电解产物被高速流过的电解液带走。

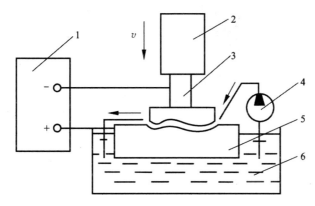

1-直流电源；2-进给机构；3-工具；4-电解液泵；5-工件；6-电解液

图1-2 电解加工原理示意图

电解加工成形原理如图1-3所示，图中细竖线表示通过阴极（工具）与阳极（工件）间的电流，竖线的疏密程度表示电流密度的大小。在加工刚开始时，工具与工件相对表面之间是不等距的，如图1-3（a）所示，阴极与阳极距离较近的地方通过的电流密度较大，电解液的流速也较高，阳极溶解速度也就较快。随着工具相对工件不断进给，工件表面就不断被电解，电解产物不断被电解液冲走，直至工件表面形成与阴极工作面基本相似的形状为止，如图1-3（b）所示。

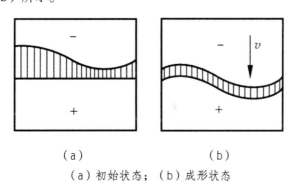

（a）　　　　　　（b）

（a）初始状态；（b）成形状态

图1-3 电解加工成形原理

（三）超声加工工种

超声加工也称为超声波加工。超声波是指频率 f 在 16 000 ~ 20 000Hz 的振动波。它区别于普通声波的特点是：频率高，波长短，能量大，传播过程中反射、折射、共振、损耗等现象显著。它可使传播方向上的障碍物受到很大的压力，超声加工就是利用这种能量进行加工的。

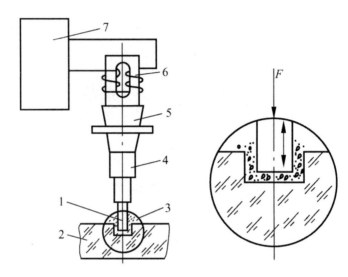

1-工具；2-工件；3-磨料悬浮液；4，5-变幅杆；6-换能器；7-超声发生器

图1-4　超声加工原理示意图

超声加工是利用工具端做超声频振动，通过磨料悬浮液加工使工件成形的一种方法，其工作原理如图1-4所示。加工时，在工具1和工件2之间加入液体（水或煤油等）和磨料混合的悬浮液3，并使工具以很小的力F轻轻压在工件上。超声发生器7将工频交流电能转变为有一定功率输出的超声频电振荡，通过换能器6将超声频电振荡转变为超声机械振动。其振幅很小，一般只有0.005 ~ 0.01mm，再通过上粗下细的变幅杆4、5，使振幅增大到0.01 ~ 0.15mm，固定在变幅杆上的工具即产生超声振动（频率在16 000 ~ 25 000Hz之间），迫使工作液中悬浮的磨粒高速不断地撞击、抛磨加工表面，将材料打击下来。虽然每次打击下来的材料很少，但由于每秒钟打击的次数多达16 000次以上，所以仍有一定的加速度。与此同时，工作液受工具端面超声振动作用而产生的高频、交变的液压正负冲击波和"空化"作用，促使工作液钻入被加工材料的微裂缝处，加剧了机械破坏作用。加工中的振荡还强迫磨料液在加工区工件和工具间的间隙中流动，使变钝了的磨粒能及时更新，并随着工具沿加工方向以一定速度移动，实现有控制的加工，逐渐将工具的形状"复制"在工件上，加工出所要求的形状。

（四）激光加工工种

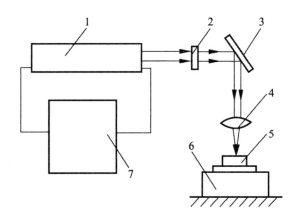

1-蔽光器；2-光阑；3-反射镜；4-聚焦镜；5-工件；6-工作台；7-电源

图1-5 激光加工原理示意图

激光加工的基本设备包括：电源、激光器、光学系统及机械系统等四部分，如图1-5所示。电源系统包括：电压控制器、储能电容组、时间控制器及触发器等，它为激光器提供所需的能量。激光器是激光加工的主要设备，它把电能转变成光能，产生所需要的激光束。激光加工目前广泛采用的是二氧化碳气体激光器及红宝石、钕玻璃、YAG（钇铝石榴石）等固体激光器。光学系统将光速聚焦并观察和调整焦点位置，包括显微镜瞄准、激光束聚焦及加工位置在投影仪上显示等。机械系统主要包括：床身、能在三坐标范围内移动的工作台及机电控制系统等。加工时，激光器产生激光束，通过光学系统把激光束聚焦成一个极小的光斑（直径仅有几微米到几十微米），获得108～1 010W/cm^{2}的能量密度以及10 000℃以上的高温，从而能在千分之几秒甚至更短的时间内使材料熔化和气化，以蚀除被加工表面，通过工作台与激光束间的相对运动来完成对工件的加工。

除上述工种外，特种加工工种还有电子束加工与离子束加工工种、水速流加工工种等。

四、其他工种

（一）机械设备维修工

从事设备安装维护和修理的工种的主要工作包括：

1.选择测定机械设备安装的场地、环境和条件；

2.进行设备搬迁和新设备的安装与调试；

3.对机械设备的机械、液压、气动故障和机械磨损进行修理；

4.更换或修复机械零部件，润滑、保养设备；

5.对修复后的机械设备进行运行调试与调整；

6.巡回检修到现场，排除机械设备运行过程中的一般故障；

7.对损伤的机械零件进行钣金和钳加工；

8.配合技术人员，预检机械设备故障，编制大修理方案，并完成大、中、小型修理；

9.维护和保养工、夹、量具，仪器仪表，排除使用过程中出现的故障。

（二）维修电工

从事企业设备的电气系统安装、调试与维护、修理的工种从事的主要工作包括：

1.对电气设备与原材料进行选型；

2.安装、调试、维护、保养电气设备；

3.架设并接通送、配电线路与电缆；

4.对电气设备进行修理或更换有缺陷的零部件；

5.对机床等设备的电气装置、电工器材进行维护、保养与修理；

6.对室内用电线路和照明灯具进行安装、调试与修理；

7.维护和保养电工工具、器具及测试仪器仪表；

8.填写安装、运行、检修设备技术记录。

（三）电加工设备操作工

在上述介绍的特种加工工种中，操作电加工设备进行零件加工的工种，称为电加工设备操作工。常用的加工方法有电火花加工、电解加工等。

第四节　机械制造企业的安全生产与节能环保

机械制造企业的安全主要是指人身安全和设备安全，防止生产中发生意外安全事故，消除各类事故隐患。企业要利用各种方法与技术，使工作者确立"安全第一"的观念，使企业设备的防护及工作者的个人防护得以改善。劳动者必须加强法治观念，认真贯彻上级有关安全生产和劳动保护的政策、法令和规定，严格遵守安全技术操作规程和各项安全生产制度。

一、安全规章制度

在企业中为防止事故的发生，应制定出各种安全规章制度，并落实、强化安全防范措施，对新工人进行厂级、车间级、班组级三级安全教育。

（一）工人安全职责

1.参加安全活动，学习安全技术知识，严格遵守各项安全生产规章制度。

2.认真执行交接班制度，接班前必须认真检查本岗位的设备和安全设施是否齐全、完好。

3.精心操作，严格执行工艺规程，遵守纪律，且记录清晰、真实、整洁。

4.按时巡回检查，准确分析、判断和处理生产过程中的异常情况。

5.认真维护保养设备，发现缺陷及时消除，并做好记录，保持作业场所清洁。

6.正确使用及妥善保管各种劳动防护用品、器具和防护器材、消防器材。

7.不违章作业，并劝阻或制止他人违章作业，对违章指挥有权拒绝执行，并及时向上级领导报告。

（二）车间管理安全规则

1.车间应保持整齐、清洁。

2.车间内的通道、安全门进出应保持畅通。

3.工具、材料等应分开存放，并按规定安置。

4.车间内保持通风良好、光线充足。

5.安全警示标图醒目到位，各类防护器具设置可靠、方便使用。

6.进入车间的人员应佩带安全帽，穿好工作服等防护用品。

（三）设备操作安全规则

1.严禁为了操作方便而拆下机器的安全装置。

2.使用机器前应熟读其说明书，并按操作规程正确操作机器。

3.未经许可或不太熟悉的设备，不得擅自操作使用。

4.禁止多人同时操作同一台设备，严禁用手摸机器运转着的部分。

5.定时维护、保养设备。

6.发现设备故障应做记录并请专人维修。

7.如发生事故应立即停机，切断电源并及时报告，注意保持现场。

8.严格执行安全操作规程，严禁违规作业。

二、节能常识

能源是为人类的生产与生活提供各种能力和动力的物质资源，是国民经济的重要物质基础。能源的开发和有效利用程度以及人均消费量是生产技术和生活水平的重要标志。

（一）能源的种类

1.一次能源和二次能源

自然界中本来就有的各种形式的能源称为一次能源。一次能源可按其来源的不同划分为来自地球以外的、地球内部的、地球与其他天体相互作用的三类。来自地球以外的一次能源主要是太阳能。

凡由一次能源经过转化或加工制造而产生的能源均称为二次能源，如电力、氢能、石油制品、煤制气、煤液化油、蒸汽和压缩空气等。但水力发电虽是由水的落差转换而来的，但一般均作为一次能源。

2.再生能源和非再生能源

人们对一次能源又进一步加以分类，凡是可以不断得到补充或能在较短周期内再产生的能源称为再生能源，反之称为非再生能源。风能、水能、海洋能、潮汐能、太阳能和生物质能等是可再生能源，煤、石油和天然气等是非可再生能源。

3.常规能源和新能源

世界大量消耗的石油、天然气、煤和核能等称为常规能源。新能源是相对于常规能源而言的，泛指太阳能、风能、地热能、海洋能、潮汐能和生物质能等。由于新能源还处于研究、发展阶段，故只能因地制宜地开发和利用。但新能源大多数是再生能源，资源丰富，分布广阔，是未来的主要能源之一。

4.商品能源和非商品能源

凡进入能源市场作为商品销售的，如煤、石油、天然气和电等均为商品能源。国际上的统计数字均限于商品能源。非商品能源主要指薪柴和农作物残余等。

（二）能源形式的转化

各种能源形式可以互相转化，在一次能源中，风、水、洋流和波浪等是以机械能（动能和位能）的形式提供的，可以利用各种风力机械（如风力机）和水力机械（如水轮机）转换为动力或电力。煤、石油和天然气等常规能源一般是通过燃烧将燃烧化学能转化为热能。热能可以直接利用，但部分是将热能通过各种类型的热力机械（如内燃机、汽轮机和燃气轮机等）转换为动力，带动各类机械和交通运输工具工作；或是带动发电机送出电力，满足人们生活和工农业生产的需要。发电和交通运输需要的能源占能量总消费量的比例很大。一次能源中转化为电力部分的比例越大，表明电气化程度越高，生产力越先进，生活水平越高。

（三）能源利用状况

能源利用状况是指用能单位在能源转换、输配和利用系统的设备及网络配置上的合理性与实际运行状况，工艺及设备技术性能的先进性及实际运行操作技术水平，能源购销、分配、使用管理的科学性等方面所反映的实际耗能情况及用能水平。

（四）节能

节能的中心思想是采取技术上可行、经济上合理以及环境和社会可接受的措施，来更有效地利用能源资源。为了达到这一目的，需要从能源资源的开发到终端利用，更好地进行科学管理和技术改造，以达到高的能源利用效率和降低单位产品的能源消费。由于常规能源资源有限，而世界能源的总消费量随着工农业生产的发展和人民生活水平的提高越来越大，故世界各国十分重视节能技术的研究（特别是节约常规能源中的煤、石油和天然气，因为这些还是宝贵的化工原料；尤其是石油，它的世界储量相对很少），千方百计地寻求代用能源，开发利用新能源。

三、环境保护常识

环保是环境保护的简称，是指人类为解决现实的或潜在的环境问题，协调人类与环境的关系，保障经济社会的持续发展而采取的各种行动的总称。人类与环境的关系十分复杂，人类的生存和发展都依赖于对环境和资源的开发和利用，然而正是在人类开发利用环境和资源的过程中，产生了一系列的环境问题，种种环境损害行为归根结底是由于人们缺乏对环境的正确认识。

（一）防治由生产和生活引起的环境污染

包括防治工业生产排放的"三废"（废水、废气、废渣）、粉尘、放射性物质以及产生的噪声、振动、恶臭和电磁微波辐射；交通运输活动产生的有害气体、废液、噪声，海上船舶运输排出的污染物；工农业生产和人民生活使用的有毒有害化学品，城镇生活排放的烟尘、污水和垃圾等造成的污染。

（二）防治由建设和开发活动引起的环境破坏

包括防治由大型水利工程、铁路、公路干线、大型港口码头、机场和大型工业项目等工程建设对环境造成的污染和破坏，农垦和围湖造田活动、海上油田、海岸带和沼泽地的开发、森林和矿产资源的开发对环境的破坏和影响；新工业区、新城镇的设置和建设等对环境的破坏、污染和影响。

（三）加强环境保护与教育

为保证企业的健康发展和可持续发展，文明生产与环境管理、保护的主要措施有：

1.严格劳动纪律和工艺纪律，遵守操作规程和安全规程。

2.做好厂区和企业生产现场的绿化、美化和净化，严格做好"三废"（废水、废气、废渣）处理工作，消除污染源。

3.保持厂区和生产现场的清洁、卫生。

4.合理布置工作场地，物品摆放整齐，便于生产操作。

5.机器设备、工具仪器、仪表等运转正常，保养良好；工位器具齐备。

6.坚持安全生产，安全设施齐备，建立健全的管理制度，消除事故隐患。

7.保持良好的生产秩序。

8.加强教育，坚持科学发展和可持续发展的生产管理观念。

第二章 工程材料的改性

第一节 金属材料的改性工艺

一、钢的改性工艺

（一）钢的整体热处理改性工艺

钢的整体热处理是将钢件在固态下进行适当的加热、保温和冷却，改变其内部组织，从而改善和提高钢件性能的工艺方法。钢的整体热处理过程可以用温度和时间这两个主要参数来描述，其工艺曲线示意图如图2-1所示。

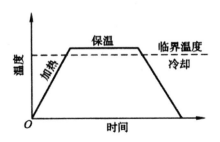

图2-1 热处理工艺曲线示意图

由于加热温度、保温时间和冷却速度的不同，钢会产生不同的组织转变。加热后要有一段保温时间，是为了使工件内外温度趋于一致，使钢的组织得到充分的转变。

在铁碳合金状态图中，钢的组织转变临界温度（相变温度）A_1、A_2、A_{cm}是在极其缓慢的加热或冷却条件下测定的。然而，实际热处理过程中加热或冷却的速度都比较快，因此，钢的实际相变温度总是会略高或略低于相图中的理论相变温度，即存在一定的过热度或过冷度。如图2-2所示，通常将加热时的实际相变温度加注字母c，如Ac_1、Ac_2、Ac_{cm}，将冷却时的实际相变温度加注字母r，如Ar_1、Ar_2、Ar_{cm}。

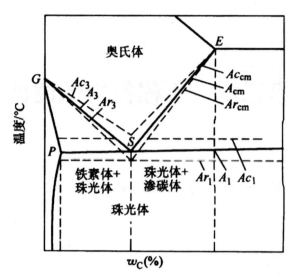

图2-2 钢在加热或冷却时的相变温度线

钢的整体热处理工艺主要有退火、正火、淬火、回火等，下面分别予以介绍。

1.退火

退火是将钢件加热至高于或低于钢的临界温度，经适当保温后随炉或埋入导热性较差的介质中缓慢冷却，以获得接近平衡状态组织的热处理工艺。其主要目的包括：①降低硬度，改善切削加工性；②细化晶粒，改善组织，提高力学性能；③消除内应力，防止开裂与变形，或为下一道淬火工序做好组织准备；④提高塑性和韧性，便于进行冷冲压或冷拉拔加工。

2.正火

正火是将钢件加热到Ac_3（亚共析钢）或Ac_{cm}（过共析钢）以上30～50℃，保温适当时间后出炉，在静止的空气中冷却的热处理工艺。

正火的主要目的包括：①可获得具有较高强度和硬度的组织，因而可用作不太重要的机械零件的最终热处理；②提高低碳钢的硬度，避免黏刀，改善其切削加工性；③对于过共析钢，正火可以减少或消除网状渗碳体，降低材料的脆性，为球化退火做好组织准备。

正火与退火比较，由于冷却速度较快，因而具有生产周期短、设备利用率高、节约能源、成本低等优点。当采用正火与退火均可满足要求时，应优先选用正火。

3.淬火

淬火是将钢件加热至Ac_3（亚共析钢）或Ac_1（共析钢与过共析钢）以上30～50℃，保温适当时间后置于淬火介质中快速冷却的热处理工艺。其主要目的是提高钢的硬度和耐磨性，常用于各种刃具、量具、模具和滚动轴承等。

亚共析钢加热至Ac_3以上30～50℃，其组织全部为奥氏体。由于淬火时冷却速度很快，转变为体心排列的α晶格，而奥氏体中过饱和的碳则全部保留在α晶格中，成为过饱和的α固溶体，称为马氏体。α马氏体具有很高的硬度，可达65HRC，而且含碳量越高，硬度越高。

过共析钢加热到Ac_1以上30～50℃，其组织是奥氏体和渗碳体，淬火后的组织是马氏体和渗碳体。渗碳体的硬度比马氏体高，因此，保留这些渗碳体有利于提高钢件的硬度和耐磨性。

冷却速度是淬火工艺的关键。如果冷却速度不够快，则奥氏体会发生分解而得不到高硬度的马氏体组织，而冷却速度过快又会使某些钢件容易变形或淬裂。正确地确定冷却速度的原则是：在保证获得全部马氏体组织的前提下，尽可能降低冷却速度。正好能获得全部马氏体所必需的最低冷却速度称为临界冷却速度。合金钢的临界冷却速度低，应在冷却能力较弱的油中淬火，以防钢件开裂；中、高碳钢的临界冷却速度高，应选择冷却能力强、价格便宜的水作为淬火介质。低碳钢的含碳量太低，一般无法淬硬。

4.回火

回火是将淬火后的钢件重新加热至Ac_1以下一定温度，保温适当时间后置于空气或水中冷却的热处理工艺。淬火马氏体是一种硬、脆而又不稳定的组织。经回火后，马氏体中的过饱和碳原子以粒状碳化物的形式析出，从而使钢的组织趋于稳定，消除淬火时因冷却过快而产生的内应力，降低脆性，提高韧性，同时使零件的尺寸稳定化。因此，钢件淬火后都要进行回火。

根据回火温度的不同，可以获得强度、硬度与塑性、韧性的不同匹配，以满足各种不同的力学性能要求。

通常把淬火后的高温回火称为调质处理。在硬度相同的情况下，调质后的其他力学性能指标均优于正火，即所谓综合力学性能较好。

（二）钢的表面强化工艺

钢的整体热处理往往不能同时提高钢的硬度与韧性，而有些机器零件要求其表面与心部具有不同的性能，例如变速齿轮、凸轮、离合器等零件，是在动载荷与摩擦条件下工作的，既要求表面具有较高的硬度和耐磨性，又要求心部具有足够的韧性，必须采用各种表面强化工艺才能满足上述要求。

1.表面热处理

（1）表面淬火

表面淬火是一种物理表面热处理工艺，是将钢件快速加热，使其表面迅速达到淬火温度，而心部仍低于淬火温度，这时立即喷水快速冷却，使钢件表面层获得淬硬的马氏体组织，而心部仍然保持原来韧性较好的组织，再经低温回火，表面硬度可达52～54HRC。适于表面淬火的材料是中碳钢和中碳合金钢。表面淬火前应进行正火或调质处理。

用于表面淬火的快速加热方法很多，如氧气－乙炔火焰加热、感应加热、电接触加热、激光加热、电子束加热等。目前生产中应用最多的是感应加热。

（2）化学表面热处理

化学表面热处理是将钢件置于某种介质中加热和保温，使介质中的活性原子渗入钢件表层，改变表层的化学成分和组织，以获得所要求性能的热处理工艺。常用的化学表面热处理工艺有渗碳、渗氮、碳氮共渗等。

①渗碳

渗碳是将低碳钢或低碳合金钢工件放入含碳的介质中加热至 $900 \sim 950℃$ 并保温，使介质中的活性炭原子渗入钢件的表层，使表层中碳的质量分数提高至 $0.8\% \sim 1\%$，然后经整体淬火和低温回火。这样，工件表层可达到很高的硬度（$58 \sim 62HRC$）和很高的耐磨性，而心部由于含碳量不足无法淬硬，仍保持良好的韧性。按照所用的渗碳剂，可分为气体渗碳、液体渗碳和固体渗碳三种。生产中常用的是气体渗碳。

②渗氮

渗氮是将中碳合金钢经调质处理后向其表面渗入氮原子的表面处理工艺，这种工艺广泛应用于各种高速转动的精密齿轮和高精度机床主轴的加工。与渗碳比较，渗氮有以下特点：a.渗氮层的硬度和耐磨性均高于渗碳层，硬度可达 $69 \sim 72HRC$，且在 $600 \sim 650℃$ 高温下仍能保持较高硬度；b.渗氮层具有很高的抗疲劳性和耐蚀性；c.渗氮后不需再进行热处理，可避免热处理带来的变形和其他缺陷；d.渗氮温度较低。渗氮的缺点在于它只适用于中碳合金钢，而且需要较长的工艺时间才能达到要求的渗氮层。

③碳氮共渗

碳氮共渗是向钢的表面同时渗入碳原子和氮原子的表面处理工艺。目前常用的方法有中温气体碳氮共渗与低温气体碳氮共渗。碳氮共渗层兼有渗碳层和渗氮层的性能，可提高钢的表面硬度、耐磨性和抗疲劳能力。

生产中有时还向钢的表面渗入其他元素。例如，渗铝和渗铬可提高钢的抗氧化性；渗铬和渗硅可提高钢的耐蚀性；渗硼可获得非常高的硬度并提高耐热性；渗硫可提高材料的减摩性。目前表面化学热处理正在向多元素共渗方向发展，如氧氮化、硫氮处理、碳氮硼共渗等。

2.表面形变强化

表面形变强化是使钢件表面在常温下发生塑性变形，以提高其表面硬度并产生有利的残余压应力分布的表面强化工艺。它的工艺简单，成本低廉，是提高钢件耐疲劳能力，延长其使用寿命的重要工艺措施。目前常用的表面形变强化工艺有喷丸、滚压等。

（1）喷丸

喷丸是通过高速弹丸流（$35 \sim 50m/s$）喷射钢件表面，使之在常温下产生强烈的塑性变形，形成较高的宏观残余压应力，从而提高钢件的抗疲劳能力和耐应力腐蚀性能的表面形变强化工艺。它通常在磨削、电镀等工序后进行，主要用于形状比较复杂的零件。

（2）滚压

滚压处理是利用自由旋转的淬火钢滚子对钢件的已加工表面进行滚压，使之产生塑性变形，压平钢件表面的粗糙凸峰，形成有利的残余压应力，从而提高工件的耐磨性和抗疲劳能力。滚压一般只适用于具有圆柱面、锥面、平面等形状比较简单的零件。

3.表面覆层强化

表面覆层强化是通过物理的或化学的方法在金属的表面涂覆一层或多层其他金属或非金属的表面强化工艺。其主要目的是提高钢件的耐磨性、耐蚀性、耐热性或进行表面装饰。

（1）金属喷涂

金属喷涂是将金属粉末熔化，再喷涂在钢件表面上，形成金属覆层的表面强化工艺。常用的喷涂方法有氧－乙炔火焰喷涂和等离子喷涂等。根据不同的目的，可以喷涂不同的金属粉末。例如，在已磨损的钢件表面上喷涂一层耐磨合金，以修复钢件；在钢件表面喷涂一层铝，可以提高其耐蚀性；在钢件表面喷涂一层氧化铝、氧化锆、氧化铬等氧化物层，可以提高其耐磨性与耐热性。

（2）金属镀层

在基体材料的表面覆上一层或多层金属镀层，可以显著改善其耐磨性、耐蚀性和耐热性，或获得其他特殊性能。常用的方法有电镀、化学镀和复合镀等。

①电镀

电镀是将工件作为阴极，在与电解质溶液接触的条件下，通入外电流，以电解的方式在工件表面形成与基体牢固结合的镀层的表面强化方法。镀层可以是金属、非金属、合金或金属与非金属的混合物薄膜。耐蚀镀层（包括铬、锌、镉、镍、铜、银等）以镀硬铬应用最广，广泛用于提高量具、刀具、模具及仪表零件的耐蚀性与耐磨性。某些软金属镀层（如金、银、铅、锡、锌等）具有很好的润滑性，常用作固体润滑剂。

②化学镀

化学镀是在不外加电源的条件下，利用化学还原的方法在基体材料表面催化膜层上沉积（镀）一层金属的表面强化方法。与电镀比较，化学镀具有以下特点：a.在形状复杂的工件上亦能获得厚度均匀的镀层；b.镀层晶粒细小致密，孔隙与裂纹少；c.可以在非金属材料表面沉积金属层。

③复合镀

复合镀是在电镀或化学镀的溶液中加入适量金属或非金属微粒，借助于强烈的搅拌，与基质金属一起均匀沉积而获得特殊性能镀层的表面强化方法。主要用于对材料有特殊要求，且只有复合镀才能满足的原子能工业和航天航空工业。

（3）金属碳化物覆层

在钢件表面涂覆金属碳化物，可以显著提高其耐磨性、耐蚀性和耐热性。获得金属碳化物覆层的方法很多，有化学气相沉积法（CVD）、物理气相沉积法（PVD）和盐浴法（TD）等。其中，CVD是利用气体物质在固体表面上进行化学反应，在固体表面上生成固态沉积物覆层的表面强化方法。

（4）非金属覆层

根据不同目的，可以在金属表面上涂覆各种非金属覆层，如氧化膜、防锈涂料、塑料、橡胶、陶瓷等。下面简要介绍钢的发蓝与磷化处理方法。

①发蓝处理

发蓝处理是将钢件浸入苛性钠、亚硝酸钠溶液中，使其表面形成均匀致密的氧化膜（主要组成是Fe_3O_4，呈蓝黑色或深黑色）的过程。发蓝处理后应进行钝化处理，以提高氧化膜的耐蚀性和润滑性。钢件经发蓝处理后，可起缓蚀和增加美观及光泽的作用。

②磷化处理

磷化是将钢件浸入某些磷酸盐溶液中，使其表面生成一层不溶于水的磷酸盐薄膜的过程。磷化膜呈浅灰至深灰色，耐蚀性高于氧化膜，但不能耐酸、碱、海水和蒸汽的侵蚀。此外，由于磷化膜具有良好的绝缘能力、优良的减摩性和冷加工润滑性，故可用作挤压与冷拉钢材的润滑剂；磷化膜可以增强漆膜与工件的附着力，故可用作油漆的底层。

二、铸铁的改性工艺

铸铁因抗拉强度低、塑性和韧性差、无法进行锻压、焊接性能差等原因，使其应用受到限制，所以，采用各种强化工艺来提高铸铁的性能，具有十分重要的意义。

（一）铸铁强化的基本途径

灰铸铁的性能主要取决于石墨的形状、大小、分布以及基体组织的类型，所以铸铁的强化也主要从这两条基本途径入手。

1.改变石墨的形状、大小和分布

（1）孕育处理

又称变质处理，是在低碳、低硅的铁液中冲入孕育剂（硅铁或硅钙合金）进行孕育处理，然后进行浇注。由于增加了孕育剂作为石墨的结晶核心，石墨化作用大大提高，使石墨呈细小均匀分布，并获得珠光体基体，铸铁件的厚薄部分都能获得较均匀一致的组织和性能，从而制得孕育铸铁。

（2）石墨化退火

白口铸铁中的渗碳体是一种不稳定的组织，在高温下保持相当长的时间后会分解成铁和团絮状石墨，所获得的铸铁称为可锻铸铁。由于团絮状石墨对基体的割裂作用大大减轻，故可锻铸铁具有较高的抗拉强度和相当高的塑性和韧性，但仍不能用于锻造。

（3）球化处理

球化处理的目的是生产球墨铸铁（简称球铁），其生产方法是在碳的质量分数足够高，而含硫、磷量低的灰铸铁铁液中加入球化剂（国内通常采用稀土镁合金）使石墨球化。因球化剂会阻碍石墨化过程，故球化处理的同时还须进行孕育处理，以防止产生白口组织。由于球铁中的石墨呈球状，对基体的割裂作用较小，应力集中现象相对较少，故其力学性能远远超过灰铸铁，优于可锻铸铁，且某些性能（如疲劳强度、屈服强度）接近于钢，又可通过热处理改善基体的性能，所以可以用球铁来取代钢，制造许多过去使用钢制造的重要零件，如柴油机曲轴、连杆、齿轮等。这不仅可以节约大量钢材，而且减小了机械加工工作量，从而降低了产品成本。此外，由于球铁保持了灰铸铁的许多优良性能，故其发展前景十分广阔。

2.改变基体组织

改变铸铁基体组织的方法主要有：①调整影响铸铁石墨化过程的因素，如前述的孕育处理；②提高冷却速度，如金属型铸件的抗拉强度比砂型铸件约高25%；③热处理。

（二）铸铁的热处理改性

由于铸铁的力学性能在很大程度上取决于石墨的形状、大小和分布，而热处理对已经分布在基体上的石墨不产生明显的影响，所以铸铁热处理强化的效果远不如钢。只有使石墨的形状得到改善（例如从片状改变为球状），提高基体强度的利用率，铸铁的热处理才会显示出强化效果。铸铁的某些热处理工艺是用于减小内应力和消除白口组织的，在此一并予以介绍。

1.铸铁的整体热处理改性

（1）去应力退火

又称人工时效。凡形状复杂或壁厚不均匀的铸件，受冷却不均匀与组织转变的影响，会产生较大的内应力。在机械加工后，由于内应力重新分布，铸件会缓慢地微量变形，丧失其应有的精度。所以，这样的铸件应采用去应力退火以消除内应力。

（2）软化处理

铸铁件由于碳、硅含量低，或凝固时冷却速度过快，往往容易在其表层或薄壁处产生硬而脆的白口组织，致使机械加工十分困难。为了消除白口组织，降低硬度，改善切削加工性，需要进行所谓的"软化处理"，即将铸件加热至800～950℃，保温后随炉冷却至

400 ~ 500℃，然后在空气中冷却。

2.铸铁的整体热处理强化

（1）正火及去应力退火

球墨铸铁件铸后常采用正火及去应力退火处理。正火的目的是获得以珠光体为基体的球墨铸铁，以提高其强度和硬度。由于正火的冷却速度较快，故正火后还需要进行550 ~ 600℃的去应力退火，以消除内应力。

（2）淬火及回火

铸铁淬火及回火后的基体组织与碳钢相同，主要用于提高可锻铸铁和球墨铸铁的强度及耐磨性。如球墨铸铁件经淬火后550℃回火可获得良好的力学性能：$R_m = 784\text{MPa}$，$A = 4\%$，硬度为28HRC。

3.铸铁的表面热处理强化

（1）表面淬火

可用于提高大型铸铁件（如机床床身的导轨）的耐磨性。感应加热表面淬火在生产中应用较多。如机床导轨须淬硬至50HRC，淬硬层深1.1 ~ 2.5mm，可采用高频感应加热淬火；若淬硬层深度为3 ~ 4mm，则采用中频感应加热淬火。

（2）化学表面热处理

可用于提高铸铁件，特别是球墨铸铁件表面的耐磨性、抗氧化性和耐蚀性。常用的方法有液体氮碳共渗、渗铝、渗硼和渗硫等。

4.铸铁的其他表面强化方法

（1）滚压

有人认为铸铁不能采用冷变形的方法来强化，其实也不尽然。如对球墨铸铁曲轴圆角进行滚压强化，能压平工件表面的粗糙凸峰，降低表面粗糙度值，同时产生很高的残余压应力，使曲轴的疲劳强度提高70%以上。

（2）金属镀层

如镀钼可以显著提高发动机球墨铸铁缸体的耐磨性。其他如金属喷涂、金属碳化物覆层和非金属覆层等表面覆层强化方法均可应用于铸铁。

（3）表面合金化

如铸铁阀座、柴油机阀片等铸铁件经镀铬后进行激光表面合金化处理，表面硬度可达到60HRC，深度达到0.76mm，从而利用廉价材料获得了高性能的合金表面层。

（三）铸铁的合金化强化

为了使铸铁件获得耐磨、耐热、耐腐蚀等特殊性能，可向铸铁中加入一定量的合金元素制成合金铸铁。

1. 耐磨铸铁

向孕育铸铁中加入质量分数为0.4%～0.6%的磷，或根据需要同时加入铜、钛等元素，制成高磷耐磨铸铁，可提高耐磨性1倍以上，是制造机床导轨的好材料。

2. 耐热铸铁

向铸铁中加入铝、硅、铬等合金元素，能使铸件表面生成致密的氧化膜，保护内层不被氧化和提高稳定性。由于这种铸铁在高温下具有抗氧化、不起皮的能力，故称为耐热铸铁，常用于制造炉门、炉栅等耐热件。

合金铸铁与合金钢比较，熔炼简单，成本低廉，基本上能满足特殊性能的要求，但其力学性能较差，脆性较大。

三、金属材料改性工艺设备简介

材料改性处理设备是实现材料改性工艺，保证材料改性质量的必要设备。随着产品质量要求的不断提高，对材料改性处理设备的要求也越来越高。

材料改性处理设备可分为主要设备和辅助设备两大类。主要设备包括热处理炉、热处理加热装置和冷却装置；辅助装置包括各种检验设备、矫正设备、加热和冷却介质设备、运输装卸设备和动力装置等。

（一）加热设备

1. 箱式电阻炉

箱式电阻炉类型很多。中温箱式电阻炉型号为RX30-9，其中：R表示电阻炉，X表示箱式，第一组数字"30"表示炉子的额定功率为30kW，第二组数字"9"表示炉子的最高使用温度为950℃。箱式炉可用来加热除长轴类零件之外的各类零件。

2. 井式电阻炉

炉子型号用字母加数字表示，如RJ36-6，其中：R表示电阻炉，J表示井式，第一组数字"36"表示炉子的额定功率为36kW，第二组数字"6"表示最高使用温度为650℃。井式电阻炉特别适合于长轴零件加热。

箱式电阻炉、井式电阻炉的电热元件多为电阻丝，主要靠热辐射和对流传热来加热，加热速度较慢、时间较长。高、中温加热工件应采取防止氧化脱碳措施，热电偶放置位置应能反映炉内工件温度，工件装入应考虑加热均匀及变形和出炉冷却方便，一般应设计适合各种不同零件加热的料筐和挂具。

3. 盐浴炉

盐浴炉分外热式和内热式两种。内热式盐浴炉又称电极式盐浴炉。它的加热元件是电极，盐浴炉所用熔盐主要有氯化钠、氯化钾和氯化钡。为使固态下的盐快速熔化，多采用下列方法：快速起动辅助电极，首先加热盐炉电极附近的盐使之呈液态，液态盐在电压作用下电离导电加热，达到热处理所需温度。盐浴炉加热主要以接触式传热，其加热速度快，熔盐在电磁力作用下翻腾，加热均匀，温度控制准确，氧化脱碳少，适合中、小型零件热处理。

盐炉加热操作时，工件及吊挂用具必须先烘烤，以免水分蒸发飞溅伤人；熔盐在离子和蒸气状态下对人体有害，故应有良好的抽风装置；熔盐应定期脱氧捞渣，并经常检查电器设施；操作时应穿戴好防护用品，注意安全。

（二）辅助设备

1.冷却设备

冷却设备主要有水槽、油槽等。工件用油作淬火介质时，要注意油温变化，防止油温升得太高而造成冷却性能急剧降低及火灾。用水做淬火介质时，当装炉量较多时，应注意水温，以防止烫伤。

2.控温仪表

控温仪表是用来测量和控制加热炉温的。它主要利用不同温度下不同金属电位不同，形成电位差并经放大达到控温目的。其精度直接影响热处理工艺的正常进行和质量。热电偶装置应能反映加热炉中工件的真实温度，补偿导线应连接合理并经常校准、检查炉温。

3.质量检验设备

质量检验设备主要有硬度计、测量变形的拉弯机和量具、金相显微镜和探伤设备。

4.辅助设施及工具

辅助设施及工具主要有：淬火架、工件装夹、吊挂用具，清洗用电解槽，酸碱槽和喷砂（丸）机，校正淬火变形用压力机和用具等。

第二节　常用非金属材料的改性工艺

金属、高分子材料、陶瓷并称为三大材料，共同构成了工程材料的主体。所以，在常用非金属材料的改性工艺中，我们主要介绍塑料和陶瓷的改性工艺。

一、工程塑料的改性工艺

按性能特点和应用范围，现有塑料可分为通用塑料和工程塑料。

在通用塑料中，聚乙烯、聚丙烯、聚氯乙烯、聚苯乙烯（ABS除外）、酚醛塑料是当今应用范围最广、产量最大的品种，合称五大通用塑料。

在工程塑料中，ABS是应用最广的工程塑料，ABS也属于通用塑料聚苯乙烯的改性产品，由于综合力学性能优异，被列为工程塑料。

这里我们主要介绍ABS、聚乙烯的改性工艺。

（一）ABS的改性工艺

ABS综合性能好，应用较广泛。但为了更进一步增强ABS的展示性能，扩大应用范围，也采用一些改性工艺。

1. ABS的电镀

电镀后的塑料具有装饰性的金属外观，良好的抗老化性，良好的力学性能，良好的耐磨、耐热、导电、导热性能，并可以用钎焊法把塑料与其他金属相连接。与金属相比，它还具有质量小、成形容易、加工成本低、容易制成复杂零件、耐蚀性好以及隔声好等优点。

但并非所有的塑料都可以进行电镀。进行电镀的塑料必须满足以下三个条件：

第一，金属镀层要与塑料基体有足够的结合强度。

第二，金属镀层与塑料基体要有一定的物理性能和力学性能，并能彼此协调。例如，膨胀系数大的塑料要与镀塑性好的金属彼此协调变形，从而避免镀层的开裂与脱落。

第三，塑料和金属镀层都要满足工程上的特殊要求。

目前广泛用于电镀的塑料是ABS塑料。ABS塑料的电镀工艺流程如下：

（1）塑料电镀件的造型设计

在不影响使用的前提下，设计应尽量满足电镀的要求，如减少锐边、尖角等。

（2）除油

零件在模压、存放和运输过程中难免沾有油污，因此应进行除油。既可用酒精擦拭除油也可以用化学方法进行除油。

（3）粗化

粗化的目的在于提高零件表面的亲水性和形成适当的表面粗糙度，以保证镀层有良好的附着力。粗化方法有许多种，现代工业生产中，仅采用化学粗化法。

（4）敏化及活化

粗化处理之后的零件，一般还须进行敏化及活化处理。敏化是使粗化后的零件表面吸附一层有还原性的二价锡离子，以便在随后的离子型活化处理时，将银离子或钯离子还原成有催化作用的银原子或钯原子。

要注意，在配制这一溶液时应将氯化亚锡溶于盐酸水溶液中，切不可将氯化亚锡用水溶解后再加入盐酸中，否则氯化亚锡会水解。

活化处理是在敏化后进行的，其目的是使零件表面形成一层有催化活性的贵金属层，以使化学镀能自发进行。

（5）还原处理及化学镀

还原处理是在零件经离子型活化液处理并清洗后进行的，其目的是提高零件表面的催化活性，加快化学镀的沉积速度，同时，还能防止化学镀溶液受到污染。

氯化钯活化的还原处理过程是在次磷酸钠 10 ～ 30g/L 的溶液中于室温下浸 10 ～ 30s。

至于化学镀，可根据零件的要求进行化学镀铜或化学镀镍。选用化学镀镍时，应注意镀液的温度应比塑料的热变形温度低约 20℃，以防零件变形。

（6）塑料零件表面电镀

经过表面处理与化学镀之后，在塑料表面附着一层 0.05 ～ 0.8μm 的金属导电膜。为满足零件的性能要求，还须用电镀的方法加厚金属膜层。根据要求，电镀铜、镍、铬、银、金或合金等，其工艺与一般的电镀工艺相同。

要注意，ABS 塑料的热膨胀系数为（5.5 ～ 11）×10^{-5}/℃，较镍的热膨胀系数（1.2 ～ 1.37）×10^{-5}/℃略大，而且铜的塑性好，因此，化学镀后的表面可先镀一层 15 ～ 25μm 的铜，以改善镀层的结合力，防止由于温度的急剧变化而导致镀层起皮或脱落。

镀铜时不能用氰化溶液，它会侵蚀化学镀层，造成起泡。

2. ABS 的其他改性工艺

（1）高耐热型 ABS

将通用型 ABS 中所用单体之一的苯乙烯，部分或全部地由 α-甲基苯乙烯所代替，所得到的 ABS 耐热性明显提高，其他性能与标准型接近。但由于熔体黏度较高，加工变得稍微困难。

（2）透明型 ABS

一般的 ABS 塑料是不透明的，而透明型 ABS 是采用甲基丙烯酸甲酯作为第四种单体与通常的 ABS 中所含的三种单体共聚生成的。这种透明 ABS 的透光率可达 72%，雾度约为 10%，其他性能与中冲击型的标准型 ABS 接近，还可采用甲基丙烯酸酯代替标准型 ABS 中的丙烯腈，所得三元共聚物又称 MBS，这种材料透光率可达到 90%（3.2mm 厚度的制品）。

（3）阻燃 ABS

ABS 具有可燃性，引燃后可缓慢燃烧，如果向材料中添加卤素化合物阻燃剂可达到阻燃的目的。一般而言，阻燃型 ABS 具有与中冲击型 ABS 类似的性能平衡，某些阻燃型 ABS 具有比标准型 ABS 较高的弯曲模量和较好的耐光性。

（4）ABS 的合金化

ABS可以与许多聚合物通过共混而形成ABS合金。在这些合金中，保留了组成合金的各材料的优点，减少了各自的缺点。主要的ABS合金有以下几种：

①ABS与聚碳酸酯共混制成的ABS与聚碳酸酯的合金。这种合金具有优异的韧性，良好的抗热变形性和良好的刚性。该合金的成形方法主要是注塑，它的熔融黏度要高于ABS，比ABS成形加工要困难些。该合金可以电镀。

②ABS与聚氯乙烯共混制成的ABS与聚氯乙烯合金。这种合金保持了聚氯乙烯良好的阻燃性，其抗拉强度、抗弯强度、热变形温度、耐化学腐蚀性介于ABS与聚氯乙烯之间，冲击韧度可等于或优于ABS或聚氯乙烯，成形加工的稳定性优于聚氯乙烯，稍逊于ABS，这种合金主要采用挤出成形制备型材。

③ABS与SMA共聚。ABS与苯乙烯-顺丁烯二酸酐共聚物形成的共聚体称为ABS/SMA合金，这种合金具有与ABS相似的优异综合性能和相似的加工性，但耐热性有较大提高。这种ABS/SMA合金主要采用注塑和挤出成形，也可以电镀。

（二）聚乙烯的改性工艺

聚乙烯有一系列优点，但也有承载能力小、易燃、耐气候性差等缺点。除了高分子量聚乙烯外，一般的高、低密度聚乙烯都存在耐环境应力开裂性差的问题。聚乙烯的改性，正是针对这些缺点进行的。

1.线型低密度改性

线型低密度是由乙烯与少量α-烯烃在复合催化剂CrO_3+$TiCl_4$+无机氧化物（如SiO_2）载体存在下，在75～90℃和1.4～2.1MPa条件下进行配位聚合得到的密度为0.92～0.93g/cm^3的共聚物。共聚物中α-烯烃的质量分数较小，一般不超过6%～10%，也可少至1%。此共聚物称为线型低密度聚乙烯。

线型低密度聚乙烯的熔融温度比一般低密度聚乙烯提高10～15℃，由于分子链结构和分子量分散性的改变，使材料抗拉强度、断后伸长率、刚性、冲击韧度、撕裂强度、抗翘曲性、耐热性、耐低温性等比一般低密度聚乙烯均有明显提高，耐环境应力性也大为改善。

2.交联改性

聚乙烯可以通过高能照射或化学方法进行交联，从而使许多性能得到改善。

（1）辐射交联

采用α、β、γ等高能射线或快速电子、放射性同位素的照射，可以对聚乙烯进行交联。所得交联聚乙烯的交联度与辐射线的照射剂量和照射温度有关，达交联饱和时，最大交联度可达到60%～70%。

在亲水性单体（如丙烯酰胺）存在下进行辐射交联，可以使该单体接枝到聚乙烯上，改善聚乙烯的表面黏附性，从而改善胶接和印刷性能。

（2）化学交联

可以用有机过氧化物对聚乙烯进行交联。过氧化物分解可以产生自由基，可以导致乙烯分子链产生活性中心，两个分子链的活性中心连接使分子链之间交联。化学交联中所用的过氧化物也可以是过氧化苯甲酰、二叔丁基过氧化物、叔丁基过氧化氢等。也可以用三乙氧基硅烷在有机锡催化下对聚乙烯进行交联，其结果是通过 Si-O-Si 桥使分子链交联起来。

由于交联后的材料成为不熔状态，因此用化学交联法时应先将交联剂混入聚乙烯粒料中，经加热混炼后压制成形或挤出成形；而用辐射交联法时是对聚乙烯制品直接进行照射。化学交联的优点是不需要较昂贵的辐射源，可以普遍推广。

3. 氯化改性

将聚乙烯溶解于加热的氯化烃中，充氮驱除空气，在引发剂存在下或紫外线照射下，在 $60 \sim 110℃$ 和不超过 $0.7MPa$ 的条件下通入氯气可以使之氯化，控制氯化时间，可以得到氯化程度不同的产物。氯化后的聚乙烯分子链上部分氢原子被氯原子取代，产物仍然是白色固体。

氯化聚乙烯有类似于橡胶的弹性，但随氯原子含量增大，材料弹性减小，刚性增大。当氯的质量分数小于25%时，材料是塑性体或弹塑性体；当氯的质量分数在25%～48%时，材料是典型的弹性体；当氯的质量分数在49%～58%时，材料变为硬弹性体，可制备仿皮制品；当氯含量超过60%时，材料成为刚性材料，只能用于注塑。

与聚乙烯的性能相比，氯化聚乙烯改善了材料的耐气候性、耐油性，进一步提高了耐化学试剂性，也使材料变成阻燃材料，使有限氧指数从原来聚乙烯的17.4提高到30～35。当氯含量较低时，材料的冲击韧度会比聚乙烯更高些，但耐环境应力开裂性仍不佳。当氯的质量分数大于45%时，耐环境应力开裂性有明显改善。

4. 氯磺化改性

将聚乙烯溶解到加热的四氯化碳中，在紫外线照射下或引发剂（用偶氮化合物）存在下，通入氯气和少量 SO_2，聚乙烯就可进行氯磺化反应，控制反应时间，就可以得到氯磺化程度不同的氯磺化聚乙烯。在氯磺化聚乙烯中，分子链的每1000个碳原子含有25～42个氯原子、1～3个氯磺酰基。

氯磺化聚乙烯是白色海绵状弹性固体，具有优良的耐氧、耐臭氧性，因此耐大气老化性比聚乙烯有明显的提高，其耐热性、耐油性、阻燃性比聚乙烯也有明显改善，有限氧指数可提高到30～36。氯磺化聚乙烯具有良好的耐磨耗性和抗挠曲性，是优良的橡胶材料，耐化学腐蚀性也优于聚乙烯。但分子链曲性、韧性、耐寒性变差。

二、工程陶瓷的改性工艺

陶瓷具有高熔点、耐磨损、高强度、耐腐蚀等基本属性，且可以是绝缘体、半导体，也可以成为导体甚至是超导体，在电、磁、声、光、热等诸性能及相互转化方面显示其特殊的优越性。这是金属与高分子材料所难以比拟的，但陶瓷存在脆性大，难加工，可靠性与重现性差等致命弱点。

目前改善陶瓷材料脆性，增加韧性的方法有以下几种：

（一）裂纹转向增韧

在陶瓷基体中若分散了晶须或纤维状第二相，这种第二相使裂纹转向从而降低了裂纹尖端的应力集中，增大了裂纹扩展阻力，提高了材料的断裂韧度。

（二）异相弥散强化增韧

基体中引入第二相颗粒，利用基体和第二相之间热膨胀系数和弹性模量的差异，在试样制备的冷却过程中，在颗粒和基体周围产生残余压应力。

当颗粒的线胀系数大于基体的线胀系数时，颗粒和基体之间的应力使裂纹在前进过程中偏转和改变了裂纹尖端的应力集中，提高了韧性。

（三）氧化锆相变增韧

实践已证明，利用ZrO_2的马氏体相变强化，增韧陶瓷基体是改善陶瓷脆性的有效途径之一。

（四）显微结构增韧

1.晶粒或颗粒的超细化与纳米化

陶瓷粉料和晶粒的超细化和纳米化是套餐强韧化的根本途径之一。

陶瓷材料的实际断裂韧度大大低于理论值的根本原因，在于陶瓷材料在制备过程中无法避免材料中的气孔与各种缺陷（如裂纹等）。超细化和纳米化是减小陶瓷烧结体中气孔、裂纹的尺寸、数量和不均匀性的最有效的途径，因此，也是陶瓷强韧化最有效的途径之一。

2.晶粒形状自补强增加

利用控制工艺因素，使陶瓷晶粒在原位形成有较大长径比的形貌，起到类似于晶须补强的作用，如控制Si_3N_4制备过程中的氮气压，就可得到长径比不同的条状、针状晶粒，这种晶粒对断裂韧度有较大影响。在晶间断裂的前提下，裂纹前进过程中的转向使裂纹扩展阻力增大，断裂韧度升高，其中以柱状晶（或针状、纤维状）对提高断裂韧度最为有效。实验表明，在SiC烧结体中也有类似情况。

（五）表面强化和增韧

陶瓷材料的脆性是由于结构敏感性产生应力集中造成的，断裂常始于表面或接近表面的缺陷处，因此消除表面缺陷是十分重要的。下面介绍几种表面强化和增韧方法。

1.表面微氧化技术

对Si_3N_4、SiC等非氧化物陶瓷，通过采用表面微氧化技术，可消除表面缺陷，达到强化目的。

其原因是通过微氧化可使表面缺陷愈合和裂纹尖端钝化，使应力集中缓解。如对SiC陶瓷适当控制氧化条件，室温强度比未经氧化处理的提高30%左右。但必须注意，如长时间氧化，强度反而下降。

2.表面退火处理

让陶瓷材料在低于烧结温度下长时间退火，然后缓慢冷却，一方面可消除因烧结快冷产生的内应力，另一方面可以消除加工引起的表面应力，同时可以弥合表面和次表面的裂纹。

3.离子注入表面改性

采用离子注入对陶瓷材料表面改性为20世纪80年代陶瓷研究者所注目。特别是结构陶瓷的表面改性，其目的是提高材料的韧性、耐磨性和耐蚀性。以Si_3N_4、SiC、ZrO_2等为对象，在高真空下，将欲加的物质离子化，然后在数十千伏的电场下将其引入陶瓷材料表面，以改变表面的化学组成。如将氮离子注入蓝宝石单晶样品中，断裂韧度随氮离子注入量的增加而提高；控制注入量和温度，使硬度较未注入的提高了1.5倍；离子注入使表面引入压应力，从而使强度明显提高。

实验表明，离子注入虽是表面层的数百纳米的范围，但陶瓷的力学性能、化学性质及表面结构均有明显影响，因此离子注入是陶瓷表面强化与增韧的极有发展前途的方法之一。

4.其他方法

激光表面处理、机械化学抛光等也是消除表面缺陷、改善表面状态、提高韧性的重要手段。

（六）复合增韧

ZrO_2相变增韧，当温度超过800℃时，t→m相变已不再发生，因此已不再出现相变增韧效应,使相应增韧只能应用于较低的温度范围,不适用于高温领域(800℃以上)。微裂纹增韧可增加材料断裂韧度,但对材料强度未必有利,强与韧两者难以兼得。为了充分发挥各种增韧机理的综合作用,可以把两者或两者以上的增韧机理复合在一起,即所谓复合增韧。

(七)CVD 法

CVD(化学气相沉积)法是用热、电磁波等手段,使以气相提供的原料在基体表面发生反应,生成固相的物质并沉积在基体的表面。控制沉积过程,可以在表面形成覆盖膜。它具有以下特点:

①致密且易于改性复杂基体形状的陶瓷。

②纯度高,对于氮化物、碳化物等难烧结物质,也可不添加助烧剂。

人们对于作为结构材料的陶瓷,也在进行CVD法的研究。例如,SiC烧结体的韧性较低,且由于加工时可能在表面导致裂纹。在加工方向用同样的SiC做CVD覆盖,可以缓和缺陷,提高强度。

(八)陶瓷的电镀

陶瓷的电镀首先需要解决的是导电问题。陶瓷电镀前的表面处理(湿法处理)工艺流程为:机械粗化→化学除油→化学粗化→敏化及活化处理→还原处理与化学镀,待表面处理完成之后再进行常规的电镀。

第三节 改性工艺新技术

热处理是机械工业中一项十分重要的基础工艺,对提高机电产品的内在质量和使用寿命具有举足轻重的作用。随着科技的发展和劳动生产率的提高,人们越来越认识到这一重要性。20世纪的最后十年,经过无数热处理工作者的辛勤努力,表面改性技术在众多领域都取得了许多新的进展。

一、激光表面改性工艺

金属材料的激光表面改性技术是20世纪70年代中期发展起来的一项高新技术。激光具有高辐射亮度、高方向性和高单色性三大特点,它作为一种精密可控的高能量密度的热源,可实现材料表面的快速加热和冷却,其热影响区的范围很窄。若将激光束作用在金属表面上,选择合适的工艺参数,可对金属表面进行多种强化处理,能显著改善其表面性能，如提高金属表面硬度、强度、耐磨性、耐蚀性和耐高温等性能。

其中，激光表面相变硬化是目前应用最成功的激光表面改性技术，已经应用或正在开发的还有激光表面非晶化、熔覆、合金化和冲击硬化等。近年来，把其他金属表面涂层技术和激光相结合进行的表面改性，也获得了成功。这里仅论述相变硬化。

（一）激光相变硬化工艺

激光相变硬化（也称激光表面淬火）为激光表面改性技术中研究最多、最为成熟、在生产中行之有效的一种技术。

它是利用高功率密度激光束扫描金属材料表面，材料表面吸收光束能量而迅速升温到相变点以上，然后移开激光束，热量从材料表面向内部传导发散而迅速冷却，从而实现快速自冷的淬火方式。

激光表面相变硬化层较浅，通常为0.3 ~ 0.5mm。采用4 ~ 5kW的大功率激光器，能使硬化层的深度达3mm。由于激光加热速度特别快，工件表面的相变是在很大过冷度下进行的，因而得到不均匀的奥氏体细晶粒，冷却后转变成隐晶或细针马氏体。

（二）激光相变硬化的特点与应用

1.特点

激光相变硬化主要应用于表面处理，与其他表面处理方法相比，有以下特点：

（1）相变硬化层的硬度比常规淬火的硬度高15%以上，可显著提高钢的耐磨性。

（2）相变硬化层造成较大的压应力，有助于其疲劳强度的提高。

（3）仅对工件表层金属加热，耗能少，几乎不发生热变形，可以省去矫直及精磨等工序，便于进行精密件局部表面淬火。

（4）能进行内孔或沟槽的侧面及底部的淬火以及复杂工件表面局部淬火，而用其他方法很难解决。

（5）由于聚焦光束焦深相当大，可以容许工件表面有较大的平面度误差，便于进行花键轴及齿轮的淬火。

（6）硬化深度和面积可以得到精密控制。

（7）激光相变硬化除薄件外一般均可自冷淬硬，不用油、水等淬火剂，无公害。

（8）工艺简单，淬火时间短，可以将淬火工序安排在流水线内。

（9）由于金属对波长为16.6μm的激光反射率很高，为增大对激光的吸收率，须做表面涂层或其他处理。

2.应用

激光相变硬化适用于多种铸铁、碳钢、低合金高强度钢、工具钢、高合金钢的淬火，特别适用于高精度零件的表面处理，尤其是体积较大、要求表面硬化面积小、整体淬火变形难以解决的零件，采用激光淬火效益最高。例如，汽车转向齿轮箱内壁、柴油机气缸套内壁、内燃机弹性联轴器主簧片激光淬火，机床电磁离合器连接件的激光淬火，梳棉机金属针激光淬火等。

二、气氛炉新技术

气氛炉可用于工件的化学热处理。工件的化学热处理分为以渗碳为代表的奥氏体状态化学热处理和以渗氮为代表的铁素体状态化学热处理。

（一）在气氛炉中渗碳、碳氮共渗、保护气氛淬火

渗碳、碳氮共渗和保护气氛淬火是工件在利用炉外或炉内的气氛发生装置产生含有CO和H_2成分的气氛中加热淬火的古老的热处理工艺。这些工艺在20世纪最后十年无论在气氛发生、工艺控制、工艺模拟、环境保护，还是在炉型发展及安全性等方面均取得许多重大进展。

1.气氛发生

20世纪90年代，出现了把空气和碳氢化合物直接通入温度高于800℃的炉膛内的产气方法。人们把这种气氛称为直生式气氛，专利名为超级渗碳。研究表明，这种含有高CH_4成分的气氛虽然其气体反应达不到类似于吸热式气氛的平衡程度，但其碳的传输能力还是由气氛中CO和H_2的含量来控制。用氧探头结合CO分析仪进行碳势控制是可以实现的。超级渗碳直生式气氛的主要优点是大量节省了原料气的消耗量。据统计，这种气氛无论用在周期式气氛炉还是连续式气氛炉，其原料气消耗节省费用都在70%左右。今天，全球大约有300台套气氛炉使用这种气氛进行渗碳、碳氮共渗、保护气氛淬火等多种热处理。

2.气氛控制

现今超级渗碳之所以能在全球范围得到应用，要归功于对具有高甲烷含量气氛碳热准确测定功能的氧探头的开发。这种氧探头使用了一种对甲烷裂解几乎没有催化作用的特殊电极材料和一种特殊的补偿电解质。当然，这种气氛的碳势控制还必须有CO红外分析仪来测量CO含量作为辅助。

近年来的实际应用表明，这种氧探头的使用寿命是不稳定的，氧探头信号的逐步漂移是固体电解质的典型缺陷所致。由于这种漂移主要受气氛炉运行工况的影响，而且漂移的开始及大幅度的出现是不可预见的，所以由氧探头测量的碳势与实际值之间差异的发生也是不可预见的。因此，一般都定期用钢箔定碳片来检测氧探头信号是否失真，但很麻烦，不利于气氛炉实现全自动化，有时甚至会影响正常生产。

鉴于上述原因，IPSEN公司开发了一个双重测量系统，其中一个带标准的氧探头系统用于正常的控制碳势，另一个独立测量系统用于检测这个氧探头的工作状况，即这两个系统分别测量气氛的碳势，当结果出现很大偏差时，就会报警。这第二个测量系统的工作元件可以是CO_2红外分析仪，也可以是一个微型氧探头。迄今为止，已有许多气氛炉安装了这种双重测量系统。

3. 工艺模拟

碳在钢中传递及扩散的计算模型早在20世纪80年代就已经建立，在以后的十年里，更进一步开发了计算机对话桌面软件，使得人们可以现场计算不同钢种在渗碳过程中任一时间碳的传递与扩散速度。该软件也考虑了诸如温度、碳势之类工艺参数变化的影响。可以实现希望获得的表面含碳量及渗层深度的工艺参数的计算。它可以对工艺过程中任何一个可能的变化及干扰做出反应，从而独立、智能地改变余下工艺过程的参数，以达到工件预定的要求。

4. 炉型发展

过去对于钢和铸铁的贝氏体等温淬火处理，都是用标准周期式或连续式气氛炉加热，然后转移到盐浴中淬火来进行的。使用这种工艺时，虽然工件在可控保护气氛下奥氏体不会被氧化，然而在出炉时暴露于大气，再转移进入盐浴的过程中，显然是要被氧化的。

科技的发展使人们对工件质量特别是表面质量的要求日益提高，使用密封盐浴淬火炉对工件进行贝氏体等温淬火，无疑能够减少任何表面的氧化及脱碳，从而解决上述难题。

在IPSEN90型炉的基础上，将隔离加热室与淬火室的中间门设计成全密封结构，上述两室都充以保护气氛，炉衬、炉底、循环风扇等部件材料都能在盐浴的影响下长时间工作。环境及安全保护方面的要求在该设备上也得到了充分考虑，所有盐能够回收利用。该设备可用于轴承钢零件的热处理。

环境及安全保护已成为当今人类关注的共同主题。由于油淬具有较高的传热系数，目前还不能完全被高压气体及高分子聚合物淬火取代。但由于环境保护的迫切要求，用保护气氛加热然后进行高压气淬的热处理工艺已在某些材料的零件上得到了实现，出现了传统密封箱式炉带气淬火系统的炉子，为实现绿色热处理开辟了一条新途径。

5. 气氛炉的自动化及集成化

由于对劳动生产率的要求日益提高，密封箱式炉的自动化及集成化已取得了长足的发展。今天，许多密封箱式炉已成为"生产区域"中柔性热处理的一个单元。当然这有赖于控制及计算系统的发展。更进一步，密封箱式炉不仅能成为热处理的一个单元，而且还能直接进入"生产区域"，根据"生产区域"的生产调节自身的热处理周期，这对多室炉尤为实用。

6.工艺重现性控制

现今越来越多的气氛炉设备进入了高自动化及高集成化的生产线中，这对气氛炉的工艺能力、可能性、生产率提出了更高的要求。这种要求不只体现在工艺控制、环保及安全等前面已述及的因素上，同时减少维修、重现工艺这些因素也显得尤为关键。对重现工艺的控制如果只限于诸如温度与碳势之类的常用工艺参数是不够的，这还不能保证热处理结果的重现。其他一些参数，尤其是淬火工艺也必须加以控制。到目前为止，对淬火工艺的控制还只限于对淬火介质温度的控制，其监控的重要性被大大忽视了。

（二）渗氮与氮碳共渗

气体渗氮是人们长期使用的一项改变工件耐磨性的热处理方法，但遗憾的是迄今还缺少有效的气氛控制手段。人们往往凭经验调整工艺过程中NH_3的加入量来得到希望获得的金相组织及力学性能。这对相同工况的工件的热处理实现重现性看来是可行的，但对不同工况的工件要实现重现性就显得十分困难。

1.气氛控制

基于上述要求，IPSEN公司开发了渗氮气氛控制传感器及与之相匹配的控制软件。

过去，人们往往是用NH_3或H_2红外分析仪来测量气氛中NH_3或H_2的含量从而达到计算氮势、控制气氛的目的。但这些仪器缺少足够的可靠性与气体分离精度。因此，很有必要开发一种类似于控制渗碳气氛氧探头之类的测量设备，IPSEN公司开发了氢探头。

2.后氧化处理

过去对于后氧化处理，人们往往把工件在经液体氮碳共渗处理后，立即出炉转移到淬火槽中进行后氧化处理。今天，虽然已实现了液体氮碳共渗与后氧化在同一炉处理，但在完成工件液体氮碳共渗后对后氧化性气氛不加控制，往往也得不到预定的表面氧化效果。

3.炉型发展

渗氮、液体氮碳共渗处理，由于其工艺的特殊性，热处理周期较长，新近开发的双室渗氮炉能达到事半功倍的效果。前室主要用于完成工件渗氮、液体氮碳共渗或后氧化处理，后室主要完成工件的冷却。这样既保证了工件渗层的外观及内在质量，减小了工件变形，同时也成倍地提高了渗氮炉的生产率。

三、真空热处理新技术

真空热处理是高精度、优质、节能和清洁无污染的材料改性加工制造技术，是20世纪后40年和今后机械制造工艺发展的热点。在过去的几年里，真空热处理在钢的快速、均匀加热，气淬工艺，低压渗碳，单室、双室、三室、连续式真空热处理炉的设计等方面均取得了新的进展。

（一）真空炉内加热

众所周知，钢在真空中的加热主要靠辐射传热，这样，如果装炉较密集，中间部位工件由于热屏蔽而升温缓慢。用对流加热系统将工件升温至850℃，然后用辐射加热系统将工件升温至奥氏体温度，这就是20世纪80年代后期开发的双重加热系统。这样可大大提高加热速度，从而缩短加热时间。一般地，真空炉用双重加热系统与单一加热系统比较，加热时间将缩短至一半。

（二）气淬

对于气淬，用户会考虑尽可能快的淬火周期及气流方向尽可能可调，以适应不同形状工件减小淬火变形的需要。

减小气淬变形早在20世纪80年代就已经提出来了，直到20世纪90年代中期，人们都是通过改变淬火气流方向——把垂直通过工件的上、下气流，根据时间或温度变化转成前、后气流，以尽可能地减小变形。

但有这样一些栅格形零件，他们对垂直气流具有天生的不可穿透性，必须外加水平气流，这就是VUTK型真空气淬炉的开发背景。VUTK型真空气淬炉与以往真空炉的最大区别在于它不光在前后方向有两个内门，还在左右方向（或上下方向）又增加了两个内门，这样气流可以通过四个方向交叉进入热区，很好地完成淬火过程。

为进一步提高真空炉气淬的产品质量及扩大其应用范围，必须进一步完善气淬系统。这可以通过提高气体压力和使用氦气或氢气取代氮气来实现，但这无疑将大大提高生产成本。这个难题可以用VUTK通过优化气流方向，减小气流阻力，再辅以高效的循环风机和热交换器予以解决，在不增大成本的前提下，气淬能力可提高30%，当然对于冷却能力，气淬无法同油淬媲美。

加强气淬的另一措施就是把前单室真空炉改进成由单独冷却室的双室真空炉，气淬在冷却室内完成。这样可以降低冷却体积近50%，由于冷却截面积的减小而提高气淬速度。

对于多层密集装炉的工作，要达到与有搅拌的油淬相同的传热系数，就须使用达到4MPa的氢气来进行气淬。正如装炉状况影响加热速度一样，它也能影响冷却速度。如果把多层密集装炉改为单层甚至单件装炉，那么其加热速度将大大提高。同时冷却速度也将大大提高。

（三）气淬控制

对于气淬烈度的控制是一个难题，人们通常用热电偶插入工件内部，测量工件的加热和冷却情况，从而来衡量气体的淬冷烈度，这些方法对工况而言没有普遍性。

（四）真空渗碳

在真空炉中，以略低于大气压的压力进行渗碳，结合气淬，因具有高的碳传递率、没有晶间氧化、表面光亮等优点而被热处理界广泛接受。然而，由于这种渗碳很难进行深渗层渗碳，于是20世纪70年代出现了低压渗碳。低压渗碳发展至今，开发的特殊气体注入技术，不仅克服了渗层不均匀、容易结碳两大难题，同时再辅以渗碳离子技术，可以解决一些十分复杂零件（如柴油机喷嘴）的渗碳问题。

离子渗碳如同离子渗氮、离子碳氮共渗一样，随着高频离子发生器的出现，其应用范围也日益扩大。

（五）真空炉

随着真空技术的日益完善，其应用领域的日益扩大，真空炉已从单室炉逐渐扩大到水平或垂直装料的双室、三室、多室真空炉。最近出现了一种既带气淬室又带油淬室的三室真空炉，这对商业热处理灵活调节工艺尤为实用。当然也出现了推杆式或辊底式真空连续炉生产线，这主要用于淬火或低压渗碳。

第三章 机械制造工艺过程

第一节 机械制造工艺基本概念

一、生产过程和工艺过程

（一）生产过程

机械产品的生产过程是指将原材料转变为成品的所有劳动过程。这里所指的成品可以是一台机器、一个部件，也可以是某种零件。对于机械制造而言，生产过程包括：

（1）原材料、半成品和成品的运输和保存。

（2）生产和技术准备工作，如产品的开发和设计、工艺及工艺装备的设计与制造、各种生产资料的准备以及生产组织。

（3）毛坯的制造过程，如铸造、锻造和冲压等。

（4）零件的机械加工、焊接、热处理和其他表面处理。

（5）部件或产品的装配过程。这一过程包括组装、部装和总装等。

（6）产品的检验、调试、油漆和包装等。

机械由很多零件组成，它的生产过程一般比较复杂，为了便于组织生产和提高劳动生产率，现代机械工业的发展趋势是组织专业化生产，即机器的生产往往不是在一个工厂内单独完成的，而是由许多工厂和车间联合起来共同完成的。例如，汽车的生产过程就是包括玻璃、电气设备、仪表、轮胎、发动机等协作工厂以及汽车总装厂等单位的劳动过程的总和。

生产过程可以指整个机器的制造过程，也可以指某一部件或零件的制造过程。一个工厂将进厂的原材料制成该厂产品的过程即为该厂的生产过程，它又可以分为若干个车间的生产过程。某一车间的成品可能是另一车间的原材料。

（二）工艺过程

在生产过程中，直接改变原材料或毛坯的形状、尺寸、性能以及相互位置关系，使之成为成品的过程，称为工艺过程。工艺过程主要包括毛坯的制造（铸造、锻造、冲压等）、热处理、机械加工和装配。

机械加工工艺过程是指用机械加工的方法直接改变毛坯的形状、尺寸和表面质量，使之成为零件或部件的生产过程。同样，将加工好的零件装配成机器使之达到所要求的装配精度并获得预定技术性能的工艺过程，称为装配工艺过程。这里所称工艺过程均指机械加工工艺过程，以下简称为工艺过程。

二、工艺过程的组成

在机械加工工艺过程中，针对零件的结构特点和技术要求，要采用不同的加工方法和装备，按照一定的顺序集中进行加工，才能完成由毛坯到零件的过程。组成机械加工工艺过程的基本单元是工序。工序又由安装、工位、工步和走刀等组成。

（一）工序

一个或一组工人，在一个工作地点对同一个或同时对几个工件进行加工所连续完成的那部分工艺过程，称之为工序。由定义可知，判别是否为同一工序的主要依据是：工作地点是否变动和加工是否连续。

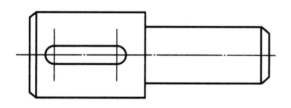

图3-1　阶梯轴

生产规模不同，加工条件不同，其工艺过程及工序的划分也不同。图3-1所示的阶梯轴，根据加工是否连续和变换机床的情况，小批量生产时，可划分为表3-1所示的三道工序；大批大量生产时，则可划分为表3-2所示的五道工序；单件生产时，甚至可以划分为表3-3所示的两道工序。

表3-1　小批量生产的工艺过程

工序号	工序内容	设备
1	车一端面，钻中心孔；掉头车另一端面，钻中心孔	车床
2	车大端外圆及倒角；车小端外圆及倒角	车床
3	铣键槽；去毛刺	铣床

表3-2　大批大量生产的工艺过程

工序号	工序内容	设备
1	铣端面，钻中心孔	中心孔机床
2	车大端外圆及倒角	车床
3	车小端外圆及倒角	车床
4	铣键槽	立式铣床
5	去毛刺	钳工

表3-3　单件生产的工艺过程

工序号	工序内容	设备
1	车一端面，钻中心孔；车另一端面，钻中心孔；车大端外圆及倒角；车小端外圆及倒角	车床
2	铣键槽；去毛刺	铣床

（二）安装

在加工前，应先使工件在机床上或夹具中占有正确的位置，这一过程称为定位；工件定位后，将其固定，使其在加工过程中保持定位位置不变的操作称为夹紧；将工件在机床或夹具中每定位、夹紧一次所完成的那一部分工序内容称为安装。一道工序中，工件可能被安装一次或多次。

（三）工位

为了完成一定的工序内容，一次安装工件后，工件与夹具或设备的可动部分一起相对刀具或设备的固定部分所占据的每一个位置称为工位。为了减少由于多次安装带来的误差和时间损失，加工中常采用回转工作台、回转夹具或移动夹具，使工件在一次安装中，先后处于几个不同的位置进行加工，称为多工位加工。采用多工位加工方法，既可以减少安装次数，提高加工精度，并减轻工人的劳动强度；又可以使各工位的加工与工件的装卸同时进行，提高劳动生产率。

（四）工步

工序又可分成若干工步。加工表面不变、切削刀具不变、切削用量中的进给量和切削速度基本保持不变的情况下所连续完成的那部分工序内容，称为工步。以上三个不变因素中只要有一个因素改变，即成为新的工步。一道工序包括一个或几个工步。

为简化工艺文件，对于那些连续进行的几个相同的工步，通常可看作一个工步。为了提高生产率，常将几个待加工表面用几把刀具同时加工，这种由刀具合并起来的工步，称为复合工步。复合工步在工艺规程中也写作一个工步。

（五）走刀

在一个工步中，若须切去的金属层很厚，可分为几次切削，则每进行一次切削就是一次走刀。一个工步可以包括一次或几次走刀。

三、生产纲领和生产类型

（一）生产纲领

生产纲领是指企业在计划期内应当生产的产品产量和进度计划。计划期通常为1年，所以生产纲领也称为年产量。

对于零件而言，产品的产量除了制造机器所需要的数量之外，还要包括一定的备品和废品，因此零件的生产纲领应按下式计算：

$$N = Qn(1+a\%)(1+b\%) \tag{3-1}$$

式中：N——零件的年产量（件/年）；

　　　Q——产品的年产量（台/年）；

　　　n——每台产品中该零件的数量（件/台）；

　　　$a\%$——该零件的备品率；

　　　$b\%$——该零件的废品率。

（二）生产类型

生产类型是指企业生产专业化程度的分类。人们按照产品的生产纲领、投入生产的批量，可将生产分为单件生产、批量生产和大量生产三种类型。

1.单件生产

单个生产不同结构和尺寸的产品，很少重复甚至不重复，这种生产称为单件生产。例如，新产品试制、维修车间的配件制造和重型机械制造等都属此种生产类型。其特点是：生产的产品种类较多，而同一产品的产量很小，工作地点的加工对象经常改变。

2.批量生产

一年中分批轮流制造几种不同的产品，每种产品均有一定的数量，工作地点的加工对象周期性地重复，这种生产称为批量生产。例如，一些通用机械厂、某些农业机械厂、陶瓷机械厂、造纸机械厂、烟草机械厂等的生产即属这种生产类型。其特点是：产品的种类较少，有一定的生产数量，加工对象周期性地改变，加工过程周期性地重复。

同一产品（或零件）每批投入生产的数量称为批量。根据批量的大小又可分为大批量生产、中批量生产和小批量生产。小批量生产的工艺特征接近单件生产，大批量生产的工艺特征接近大量生产。

3.大量生产

同一产品的生产数量很大，大多数工作地点经常按一定节奏重复进行某一零件的某一工序的加工，这种生产称为大量生产。例如，自行车制造和一些链条厂、轴承厂等专业化生产即属此种生产类型。其特点是：同一产品的产量大，工作地点较少改变，加工过程重复。

四、工艺规程

（一）工艺规程

规定产品或零部件制造工艺过程和操作方法等的工艺文件称为工艺规程。其中，规定零件机械加工工艺过程和操作方法等的工艺文件称为机械加工工艺规程。

工艺规程是在具体的生产条件下，最合理或较合理的工艺过程和操作方法，并按规定的形式书写成工艺文件，经审批后用来指导生产的。工艺规程包括各个工序的排列顺序，加工尺寸、公差及技术要求，工艺设备及工艺措施，切削用量及工时定额等内容。

（二）工艺规程的作用

1.工艺规程是指导生产的主要技术文件

按照工艺规程进行生产，可以保证产品质量和提高生产效率。

2.工艺规程是生产组织和管理工作的基本依据

在产品投产前可以根据工艺规程进行原材料和毛坯的供应、机床负荷的调整、专用工艺装备的设计和制造、生产作业计划的编排、劳动力的组织以及生产成本的核算等。

3.工艺规程是新建或扩建工厂或车间的基本技术文件

在新建或扩建工厂、车间时，只有根据工艺规程和生产纲领，才能准确确定生产所需机床的种类和数量，工厂或车间的面积，机床的平面布置，生产工人的工种、等级、数量以及各辅助部门的安排等。

4.工艺规程是进行技术交流的重要文件

先进的工艺规程起着交流和推广先进经验的作用，能指导同类产品的生产，缩短工厂摸索和试制的过程。

工艺规程是经过逐级审批的，因而也是工厂生产中的工艺纪律，有关人员必须严格执行。但工艺规程也不是一成不变的，它应不断地反映工人的革新创造，及时地吸取国内外先进工艺技术，不断改进和完善，以便更好地指导生产。

（三）制定工艺规程的原则、主要依据和步骤

1.制定工艺规程的原则

所制定的工艺规程应保证在一定的生产条件下，以最高的生产率、最低的成本，可靠地生产出符合要求的产品。为此，应尽量做到技术上先进，经济上合理，并且有良好的劳动条件。另外，还应该做到正确、统一、完整和清晰，所用的术语、符号、计量单位、编号等都要符合有关的标准。

2.制定工艺规程的主要依据（原始资料）

（1）产品的成套装配图和零件工作图；

（2）产品验收的质量标准；

（3）产品的生产纲领；

（4）现有生产条件和资料，包括毛坯的生产条件、工艺装备及专用设备的制造能力，有关机械加工车间的设备和工艺装备的条件；

（5）国内外同类产品的有关工艺资料等。

3.制定工艺规程的步骤

（1）分析研究产品的装配图和零件图；

（2）确定生产类型；

（3）确定毛坯的种类和尺寸；

（4）选择定位基准和主要表面加工方法、拟定零件加工工艺路线；

（5）确定工序尺寸及公差；

（6）选择机床、工艺装备及确定时间定额；

（7）填写工艺文件。

（四）工艺规程的格式

将工艺规程的内容填入一定格式的卡片，成为工艺文件。最常用的工艺文件的基本格式有工艺卡片和工序卡片两种。

1.机械加工工艺过程卡片

以工序单位简要说明机械加工过程的一种工艺文件，主要用于单件小批量生产和中批量生产零件，大批大量生产可酌情自定。该卡片是生产管理方面的工艺文件。

2.机械加工工序卡片

它是在机械加工工艺过程卡片的基础上，按每道工序所编制的一种工艺文件，其主要内容包括工序简图，该工序中每个工步的加工内容、工艺参数、操作要求以及所用的设备和工艺装备等。工序卡片主要用于大量生产中的所有零件、中批量生产中的复杂产品的关键零件以及小批量生产中的关键工序。

第二节　机械零件的工艺分析

工艺分析的目的，一是审查零件的结构形状及尺寸精度、相互位置精度、表面粗糙度、材料及热处理等的技术要求是否合理，是否便于加工和装配；二是通过工艺分析，对零件的工艺要求有进一步的了解，以便制定出合理的工艺规程。

一、分析研究产品的零件图样和装配图样

在编制零件机械加工工艺规程前，首先应研究零件的工作图样和产品装配图样，熟悉该产品的用途、性能及工作条件，明确该零件在产品中的位置和作用；了解并研究各项技术条件制定的依据，找出其主要技术要求和技术关键，以便在拟定工艺规程时采用适当的措施加以保证。

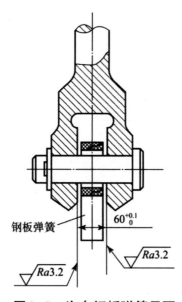

图3-2　汽车钢板弹簧吊耳

如图3-2所示的汽车钢板弹簧吊耳，当在使用时，钢板弹簧与吊耳两侧面是不接触的，所以吊耳内侧的粗糙度可由原来的设计要求 Ra 3.2μm建议改为 Ra 12.5μm。这样在

铣削时可只用粗铣不用精铣，减少铣削时间。

二、结构工艺性分析

零件的结构工艺性是指所设计的零件在满足使用要求的前提下，制造的可行性和经济性。下面将从零件的机械加工和装配两个方面，对零件的结构工艺性进行分析。

（一）机械加工对零件结构的要求

1.便于装夹

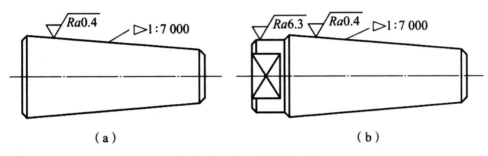

（a）改正前；（b）改正后

图3-3　便于装夹的零件结构示例

零件的结构应便于加工时的定位和夹紧，装夹次数要少。图3-3（a）所示零件，拟用顶尖和鸡心夹头装夹，但该结构不便于装夹。若改为图3-3（b）所示结构，则可以方便地装置夹头。

2.便于加工

零件的结构应尽量采用标准化数值，以便使用标准化刀具和量具进行加工。同时还应注意退刀和进刀，要易于保证加工精度要求，减少加工面积及难加工表面等。

3.便于测量

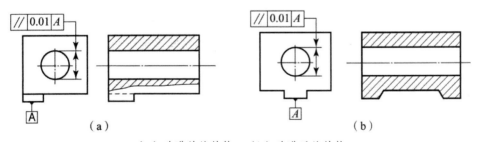

（a）改进前的结构；（b）改进后的结构

图3-4　便于测量的零件结构示例

设计零件结构时，还应考虑测量的可能性与方便性。如图3-4所示，要求测量孔中心

线与基准面 *A* 的平行度。如图3-4（a）所示的结构，由于底面凸台偏置一侧而使平行度难于测量。在图3-4（b）中增加一对称的工艺凸台，并使凸台位置居中，此时测量则大为方便。

（二）装配和维修对零件结构工艺性的要求

零件的结构应便于装配和维修时的拆装。如图3-5（a）所示左图结构无透气口，销钉孔内的空气难于排出，故销钉不易装入。改进后的结构如图3-5（a）右图所示。在图3-5（b）中为保证轴肩与支承面紧贴，可在轴肩处切槽或孔口处倒角。图3-5（c）为两个零件配合，由于同一方向只能有一个定位基面，故图3-5（c）左图不合理，而右图为合理的结构。在图3-5（d）中，左图螺钉装配空间太小，螺钉装不进。改进后的结构如图3-5（d）右图所示。

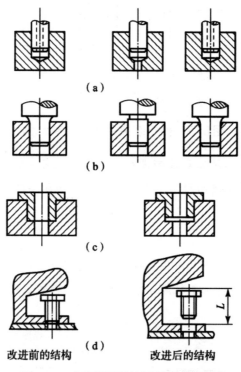

（a）

（b）

（c）

改进前的结构　　（d）　　改进后的结构

图3-5　便于装配的零件结构示例

三、技术要求分析

零件的技术要求主要有：

①加工表面的形状精度（包括形状尺寸精度和形状公差）；②主要加工表面之间的相互位置精度（包括距离尺寸精度和位置公差）；③加工表面的粗糙度及其他方面的表面质量要求；④热处理及其他要求。

通过对零件技术要求的分析，就可以区分主要表面和次要表面。对上述四个方面均要求较高的表面，即为主要表面，要采用各种工艺措施予以重点保证。在对零件的结构工艺性和技术要求进行分析后，对零件的加工工艺路线及加工方法就形成一个初步的轮廓，从而为下一步制定工艺规程做好准备。

若在工艺分析时发现零件的结构工艺性不好，技术要求不合理或存在其他问题时，就可对零件设计提出修改意见，并经设计人员同意和履行规定的批准手续后，由设计人员进行修改。

第三节　毛坯与定位基准的选择

一、毛坯的选择

机械零件的制造包括毛坯成形和切削加工两个阶段。正确选择毛坯的类型和成形方法对于机械制造具有重要意义，毛坯成形对后续切削加工、对零件乃至产品的质量、使用性能、生产周期和成本等都有影响。

（一）常见零件毛坯类型

机械零件的常用毛坯包括铸件、锻件、轧制型材、挤压件、冲压件、焊接件、粉末冶金件和注射成形件。

1.铸件

形状较复杂的零件毛坯，宜采用铸造方法制造。目前生产中的铸件大多数是砂型铸造，少数尺寸较小的优质铸件可采用特种铸造，如金属型铸造、熔模铸造和压力铸造等。

2.锻件

锻件适用于强度要求较高，形状比较简单的零件毛坯，锻造方法有自由锻和模锻。自由锻的加工余量大，锻件精度低，生产率不高，适用于单件小批量生产以及大型零件毛坯制造。模锻加工余量小，锻件精度高，生产率高，适用于中小型零件毛坯的大批量生产。

3.型材

型材有热轧和冷拉两种。热轧型材的精度较低，适用于一般零件的毛坯。冷拉型材的精度较高，适用于对毛坯精度要求较高的中小型零件的毛坯制造，可用于自动机床加工。

4.焊接件

焊接件是根据需要用焊接的方法将同类材料或不同的材料焊接在一起而成的毛坯件。焊接件制造简单，生产周期短，但变形较大，须经时效处理后才能进行机械加工。焊接方法适用于大型毛坯、结构复杂的毛坯制造。

5.冷冲压件

适用于形状复杂的板料零件。

（二）毛坯选择的原则

选择毛坯的基本任务是选定毛坯的制造方法及其制造精度。毛坯的选择不仅影响毛坯的制造工艺和费用，而且对零件的加工质量、加工方法、生产率及生产成本都有很大的影响，因此，选择毛坯要从毛坯的制造和机械加工两方面综合考虑，以求得最佳的技术经济效果。

在选择毛坯时应考虑下列因素：

1.零件材料及力学性能要求

例如，材料为铸铁的零件，应选择铸造毛坯。对于重要的钢制零件，为获得良好的力学性能，应选用锻件毛坯；零件形状较简单及力学性能不太高时，可用型材毛坯；有色金属零件常用型材或铸造毛坯。

2.零件的结构形状与大小

轴类零件毛坯，如直径和台阶相差不大，可用棒料；如各台阶尺寸相差较大，则宜选用锻件。大型零件毛坯多用砂型铸造或自由锻；中小型零件可用模锻件或特种铸造件。

3.生产类型

大批大量生产时，应选用毛坯精度和生产率均较高的毛坯制造方法，如模锻、金属型机器造型铸造和精密铸造。单件小批量生产时，可采用木模手工造型铸造或自由锻造。

4.现有生产条件

选择毛坯时，必须考虑现有生产条件，如现有毛坯制造的水平和设备情况、外协的可能性及经济性等。

5.充分利用新工艺、新材料

为节约材料和能源，提高机械加工生产率，应充分考虑应用新工艺、新技术和新材料。例如，精铸、精锻、冷轧、冷挤压和粉末冶金等在机械中的应用日益广泛，这些方法可以大大减少机械加工量，节约材料，大大提高经济效益。

（三）典型零件毛坯的选择

根据毛坯的选择原则，下面分别介绍轴杆类、盘套类和箱体机架类等典型零件的毛坯的选择方法。

1.轴杆类零件的毛坯选择

轴杆类零件是机械产品中支撑传动件、承受载荷、传递扭矩和动力的常见典型零件。

轴向（纵向）尺寸远大于径向（横向）尺寸。轴杆类零件指各种传动轴、机床主轴、丝杠、光杠、曲轴、偏心轴、凸轮轴、齿轮轴、连杆、摇臂、螺栓、销子等。

毛坯选择：轴类零件最常用的毛坯是型材和锻件。①对于光滑的或有阶梯但直径相差不大的一般轴，常用型材（即热轧或冷拉圆钢）作为毛坯。②对于直径相差较大的阶梯轴或要承受冲击载荷和脚边应力的重要轴，均采用锻件作为毛坯。生产批量较小时，采用自由锻件。生产批量较大时，采用模锻件。③对于结构形状复杂的大型轴类零件，其毛坯采用砂型铸造件、焊接结构件或铸—焊结构毛坯。

2.盘套类零件的毛坯选择

结构特征：盘套类零件是指直径尺寸较大而长度尺寸相对较长的回转体零件（一般长度与直径之比小于1）。盘套类零件指各种齿轮、带轮、飞轮、联轴节、套环、轴承环、端盖及螺母、垫圈等。

毛坯选择：

（1）圆柱齿轮的毛坯选择

钢制齿轮的毛坯选择取决于齿轮的选材、结构形状、尺寸大小、使用条件及生产批量等因素。①尺寸较小且性能要求不高，可直接采用热轧棒料。②直径较大且性能要求高，一般都采用锻造毛坯。生产批量较小或尺寸较大的齿轮，采用自由锻造。生产批量较大的中小尺寸的齿轮，采用模锻造。③对于直径比较大、结构比较复杂的不便于锻造的齿轮，采用铸钢或焊接组合毛坯。

（2）带轮的毛坯选择

带轮是通过中间挠性件（各种带）传递运动和动力的，一般载荷比较平稳。毛坯选择：①中小带轮其毛坯一般采用砂型铸造。生产批量较小时用手工造型。生产批量较大时，采用机器造型。②结构尺寸较大的带轮，为减轻重量可采用钢板焊接毛坯。

（3）链轮的毛坯选择

链轮是通过链条作为中间挠性件传递动力和运动的，其工作过程中的载荷有一定的冲击，且链齿的磨损较快。毛坯选择：链轮的材料大多采用钢材，最常用的毛坯为锻件。①单件小批量生产时，采用自由锻造；②生产批量较大时使用模锻；③新产品试制或修配件，亦可使用型材；④对于齿数大于50的从动链轮也可采用强度高于HT150的铸铁，其毛坯可采用砂型铸造，造型方法视生产批量决定。

3.箱体机架类零件的毛坯选择

箱体机架类零件是机器的基础件，其加工质量将对机器的精度、性能和使用寿命产生直接影响。箱体机架类零件指机身、齿轮箱、阀体、泵体、轴承座等。其结构形状一般比较复杂，且内部呈腔型，为满足减震和耐磨等方面的要求，其材料一般都采用铸铁。

毛坯选择：①为达到结构形状方面的要求，最常见的毛坯是砂型铸造的铸件；②在单件小批量生产时、新产品试制或结构尺寸很大时，也可采用钢板焊接。

二、定位基准的选择

机械加工过程中，定位基准的选择合理与否决定零件质量的好坏，对能否保证零件的尺寸精度和相互位置精度要求，以及对零件各表面间的加工顺序安排都有很大影响，当用夹具安装工件时，定位基准的选择还会影响到夹具结构的复杂程度。因此，定位基准的选择是一个很重要的工艺问题。定位基准又分为粗基准和精基准，鉴于此，接下来主要讨论粗基准和精基准的选择。

（一）粗基准的选择原则

选择粗基准时，主要要求保证各加工面有足够的余量，使加工面与不加工面间的位置符合图样要求，并特别注意要尽快获得精基面。具体选择时应考虑下列原则：

1. 选择重要表面为粗基准

为保证工件上重要表面的加工余量小而均匀，应选择该表面为粗基准。所谓重要表面一般是工件上加工精度以及表面质量要求较高的表面，如床身的导轨面，车床主轴箱的主轴孔，都是各自的重要表面。因此，加工床身和主轴箱时，应以导轨面或主轴孔为粗基准。

2. 选择不加工表面为粗基准

为了保证加工面与不加工面间的位置要求，一般应选择不加工面为粗基准。如果工件上有多个不加工面，则应选其中与加工面位置要求较高的不加工面为粗基准，以便保证要求，使外形对称等。

3. 选择加工余量最小的表面为粗基准

在没有要求保证重要表面加工余量均匀的情况下，如果零件上每个表面都要加工，则应选择其中加工余量最小的表面为粗基准，以避免该表面在加工时因余量不足而留下部分毛坯面，造成工件废品。

4. 选择较为平整光洁、加工面积较大的表面为粗基准

粗基准虽然是毛坯表面，但是也应当尽量平整、光洁，没有飞边，以便工件定位可靠、夹紧方便。

5. 粗基准在同一尺寸方向上只能使用一次

因为粗基准本身都是未经机械加工的毛坯面，其表面粗糙且精度低，若重复使用将产生较大的误差。

（二）精基准的选择原则

1.基准重合原则

基准重合原则即选用设计基准作为定位基准，以避免定位基准与设计基准不重合而引起的基准不重合误差。

2.基准统一原则

应采用同一组基准定位加工零件上尽可能多的表面，这就是基准统一原则。这样做可以简化工艺规程的制定工作，减少夹具设计、制造工作量和成本，缩短生产准备周期；由于减少了基准转换，便于保证各加工表面的相互位置精度。例如，加工轴类零件时，采用两中心孔定位加工各外圆表面，就符合基准统一原则。箱体零件采用一面两孔定位，齿轮的齿坯和齿形加工多采用齿轮的内孔及一端面为定位基准，均属于基准统一原则。

3.自为基准原则

某些要求加工余量小而均匀的精加工工序，选择加工表面本身作为定位基准，称为自为基准原则。磨削车床导轨面，用可调支承床身零件，在导轨磨床上，用百分表找正导轨面相对机床运动方向的正确位置，然后加工导轨面以保证其余量均匀，满足对导轨面的质量要求。还有浮动镗刀镗孔、珩磨孔、拉孔、无心磨外圆等也都是自为基准的实例。

4.互为基准原则

当对工件上两个相互位置精度要求很高的表面进行加工时，需要用两个表面互相作为基准，反复进行加工，以保证位置精度要求。例如，要保证精密齿轮的齿圈跳动精度，在齿面淬硬后，先以齿面定位磨内孔，再以内孔定位磨齿面，从而保证位置精度。再如，车床主轴的前锥孔与主轴支承轴颈间有严格的同轴度要求，加工时就是先以轴颈外圆为定位基准加工锥孔，再以锥孔为定位基准加工外圆，如此反复多次，最终达到加工要求。这都是互为基准的典型实例。

5.便于装夹原则

所选精基准应保证工件安装可靠，夹具设计简单、操作方便。

实际上，无论精基准还是粗基准的选择，上述原则都不可能同时满足，有时还是互相矛盾的，因此，在选择时应根据具体情况进行分析，权衡利弊，保证其主要的要求。

第四节　工件装夹与工艺路线的拟定

一、工件的装夹

在机械加工过程中，为了保证加工精度，在加工前，应确定工件在机床上的位置，并固定好，以接受加工或检测。将工件在机床上或夹具中定位、夹紧的过程，称为装夹。定位是指确定工件在机床上或夹具中正确位置的过程。工件定位后将其固定，使其在加工中保持定位位置不变的操作，称为夹紧。工件的装夹过程就是工件在机床上或夹具中定位和夹紧的过程。工件在机床上装夹好以后，才能进行机械加工。装夹是否正确、稳定、迅速，对生产率和加工质量均有较大的影响，因此工件的装夹是制定工艺规程时需要认真考虑的问题之一。

（一）基准及其分类

工件装夹时必须依据一定的基准，因此首先讨论一下基准的概念。

基准是零件上用以确定其他点、线、面位置所依据的那些点、线、面。根据作用不同，可将基准做如下的分类：

1.设计基准

在零件图上用来确定其他点、线、面位置的基准，称为设计基准。由产品设计人员确定。如图3-6所示钻套零件，孔中心线是外圆与内孔径向圆跳动的设计基准，也是端面圆跳动的设计基准，端面A是端面B、C的设计基准。

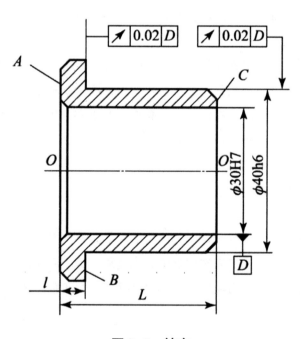

图3-6 钻套

2.工艺基准

零件在加工和装配过程中所使用的基准。按用途的不同可分为以下四种：

（1）定位基准

加工时工件定位所用的基准即为定位基准。定位基准又可分为粗基准和精基准。粗基准是指没有经过机械加工的定位基准，而已经过机械加工的定位基准则为精基准。

（2）测量基准

用以检验已加工表面形状、尺寸及位置的基准，称为测量基准。

（3）工序基准

在工序简图上用来确定本工序加工表面加工后的尺寸、形状、位置的基准。

（4）装配基准

装配时用以确定零件在部件或成品中位置的基准，称为装配基准。如图3-6所示钻套零件上的Φ40h6外圆柱面及端面B就是该钻套零件装在钻床夹具的钻模板上的孔中时的装配基准。

（二）工件的装夹方式

工件装夹有找正装夹和用夹具装夹两种方法。找正装夹又分为直接找正装夹和划线找正装夹。

1.直接找正装夹

用划针、千分表直接按工件表面找正工件的位置并夹紧，称为直接找正装夹。直接找正装夹效率低，对操作工人的技术水平要求高，但是如果用精密检具细心找正，可以获得很高的定位精度（0.010～0.005mm），多用于单件小批量生产或装夹精度要求特别高的场合。

2.划线找正装夹

根据零件图要求在工件上划出中心线、对称线和待加工面的轮廓线、找正线，然后按找正线找正工件在机床上的位置并夹紧，这种方法就称为划线找正装夹。

与直接找正装夹方法相比，划线找正装夹方法增加了一道技术水平要求高且费工费事的划线工序，生产效率低；此外，由于所划线条自身就有一定的宽度，所以找正误差大（0.2～0.5mm）。划线找正装夹方法多用于单件小批量生产中难以用直接找正方法装夹的形状较为复杂的铸件或锻件。

3.用夹具装夹

产量较大时，无论是直接找正装夹还是划线找正装夹，均不能满足生产率要求。这时，一般要求使用夹具来装夹工件。夹具须提前按照一定要求安装在机床上，工件按照要求装夹在夹具上，不需要找正就可进行加工。

使用夹具装夹工件，不仅可以保证装夹精度，而且可以提高装夹效率，减轻工人的劳动强度，对工人技术水平要求也不高。批量生产和大量生产中常采用夹具装夹工件。

二、工艺路线的拟定

制定机械零件的加工工艺规程时，工艺人员必须在充分研究的基础上，提出多种方案进行分析比较。因为工艺路线不但影响加工的质量和工作效率，而且会影响工人的劳动强度、设备投资、车间面积和生产成本等。

拟定工艺路线是制定工艺过程的总体布局。它的主要任务是针对各个表面的加工方法和加工方案，确定各个表面的加工顺序以及整个工艺过程中的工序数目等。

除了上一任务中讨论的如何选择定位基准外，在拟定工艺路线时还要考虑表面的加工方法、加工阶段的划分、工序的集中与分散和加工顺序这四个方面。

（一）表面加工方法

1. 加工经济精度和表面粗糙度

实践证明，各种加工方法（如车、铣、刨、磨等）所能达到的加工精度和表面粗糙度是有一定的范围的。任何一种加工方法，如果由技术水平高的技术工人在精密完好的设备上仔细地慢慢操作，必会使得加工误差减小，可以得到较高的加工精度和较小的表面粗糙度，但是成本增加；反之亦然。此时，就引出加工经济精度的概念。加工经济精度是指在正常的加工条件下（采用符合质量标准的设备和工艺装备，使用标准技术等级的工人，不延长加工时间），一种加工方法所能保证的加工精度和表面粗糙度。

2. 选择表面加工方法时应考虑的因素

满足同一精度要求的加工方法有多种，所以在选择表面加工方法时还应考虑以下几个因素，才能最终确定零件表面的加工方法。

（1）工件材料的性质

如淬火钢的精加工要采用磨削，有色金属的精加工为避免磨削时堵塞砂轮，则要用高速精细车或精细镗（全钢镗）。

（2）工件的形状和尺寸

工件的形状和加工表面的尺寸大小不同，采用的加工方法和加工方案往往不同。例如，一般情况下，大孔常常采用粗镗—半精镗—精镗的方法，小孔常采用钻—扩—铰的方法。

（3）与生产率、生产类型相适应

一般地，大批大量生产应选择高生产率的和质量稳定的加工方法；而单件小批量生产则尽量选择通用设备来加工。

（二）加工阶段的划分

为了保证零件的加工质量、生产效率和经济性，通常在安排工艺路线时，将其划分成几个阶段。对于一般精度零件，可划分成粗加工、半精加工和精加工三个阶段。对精度要求高和特别高的零件，还需要安排精密加工（含光整加工）和超精密加工阶段。各阶段的主要任务分别如下：

1.粗加工阶段

主要去除各加工表面的大部分余量，并加工出精基准。

2.半精加工阶段

减少粗加工阶段留下的误差，使加工面达到一定的精度，为精加工做好准备，并完成一些精度要求不高的表面的加工。

3.精加工阶段

主要是保证零件的尺寸、形状、位置精度及表面粗糙度，这是相当关键的加工阶段。大多数表面至此加工完毕，少数需要进行精密加工或光整加工的表面也须在此阶段做好准备。

4.精密和超精密加工阶段

精密和超精密加工采用一些高精度的加工方法，如精密磨削、珩磨、研磨、金刚石车削等，可进一步提高表面的尺寸、形状精度，降低表面粗糙度，最终达到图纸的精度要求。

加工阶段的划分有以下作用：

第一，保证加工质量。

工件划分阶段后，因粗加工的加工余量很大，切削变形大，会出现较大的加工误差，这将通过半精加工和精加工逐步得到纠正，以保证加工质量。

第二，合理使用设备。

划分加工阶段后，可以充分发挥粗、精加工设备的特点，避免以精干粗，做到合理使用设备。

第三，便于安排热处理工序。

粗加工阶段前后，一般要安排去应力等预先热处理工序，精加工前则要安排淬火等最终热处理，最终热处理后工件的变形可以通过精加工工序予以消除。划分加工阶段后，便于热处理工序的安排，使冷热工序配合更好。

第四，便于及时发现毛坯缺陷。

毛坯的有些缺陷往往在加工后才暴露出来。粗、精加工分开后，粗加工阶段就可以及时发现和处理毛坯缺陷。同时精加工工序安排在最后，可以避免已加工好的表面在搬运和夹紧中受到损伤。

（三）工序的集中与分散

当确定了工件上各表面的加工方法以后，安排加工工序的时候可以采取两种不同的原则：工序集中和工序分散原则。工序集中就是将工件的加工集中在少数几道工序内完成，每道工序的加工内容较多。工序分散就是将工件的加工分散在较多的工序内进行，每道工序的加工内容很少，最少时每道工序仅有一个简单的工步。

工序集中与分散的特点如下：

1.工序集中的特点

（1）可以采用高效机床和工艺装备，生产率高。

（2）工件装夹次数减少，易于保证表面间相互位置精度，减少工序间的运输量。

（3）工序数目少，可以减少机床数量、操作工人数量和生产面积，简化生产。

（4）如果采用结构复杂的专用设备及工艺装备，则投资巨大，调整和维修复杂，生产准备工作量大，转换新产品比较费时。

2.工序分散的特点

（1）设备及工艺装备比较简单，调整和维修方便，易适应产品更换。

（2）可采用最合理的切削用量，减少基本时间。

（3）设备数量多，操作工人多，占用生产面积大。

（四）加工顺序的安排

1.切削加工顺序的安排

切削加工时应遵循以下几个原则：

（1）先基准面后其他

应首先安排被选作精基准的表面的加工，再以加工出的精基准为定位基准，安排其他表面的加工。该原则还有另外一层意思，是指精加工前应先修一下精基准。例如，精度要求高的轴类零件，第一道加工工序就是以外圆面为粗基准加工两端面及顶尖孔，再以顶尖孔定位完成各表面的粗加工；精加工开始前首先要修整顶尖孔，以提高轴在精加工时的定位精度，然后再安排各外圆面的精加工。

（2）先粗后精

这是指先安排各表面粗加工，后安排精加工。

（3）先主后次

主要表面一般指零件上的设计基准面和重要工作面。这些表面是决定零件质量的主要因素，对其进行加工是工艺过程的主要内容，因而在确定加工顺序时，要首先考虑加工主要表面的工序安排，以保证主要表面的加工精度。在安排好主要表面加工顺序后，常常从加工的方便与经济角度出发，安排次要表面的加工。此外，次要表面和主要表面之间往往有相互位置要求，常常要求在主要表面加工后，以主要表面定位进行加工。

（4）先面后孔

这主要是对箱体和支架类零件的加工而言。一般这类零件上既有平面，又有孔或孔系，这时应先将平面（通常是装配基准）加工出来，再以平面为基准加工孔或孔系。此外，在毛坯面上钻孔或镗孔，容易使钻头引偏或打刀。此时也应先加工面，再加工孔，以避免上述情况的发生。

2.热处理顺序的安排

为了提高工件的力学性能或改善工件的切削性能，消除内应力，应在工艺过程中加入热处理，合理地安排热处理顺序对整个工件的性能有至关重要的作用。常用的热处理有以下几种：

（1）退火与正火

退火与正火的目的是消除组织的不均匀，提高加工性，高碳合金钢用退火降低硬度，低碳合金钢用正火提高硬度。

（2）调质

调质是为了获得组织均匀细致的回火索氏体组织，使零件不仅具有一定的强度和硬度，而且还拥有良好的冲击韧性，综合机械性能好。

（3）淬火

淬火是为了提高工件的硬度，满足零件最终的性能要求。

（4）渗碳

对于低碳合金钢的零件，在要求表面硬度高，而内部韧性好的时候，常采用渗碳处理。一般是局部渗碳，因而需要对不需要渗碳的表面采取保护措施。

3.辅助工序的安排

辅助工序的种类很多，包括工件的检验、去毛刺、清洗和防锈等，其中检验工序是主要的辅助工序，它对保证产品质量有着极重要的作用。

检验工序在粗加工结束后、重要工序的前后、工件在车间的转移前后、全部加工完成之后都应安排。另外，其他辅助工序的安排也应该重视。

第五节　加工余量和工艺尺寸链的确定

一、加工余量的确定

加工余量是指加工过程中从加工表面上所切去的金属层厚度。加工余量分为工序加工余量和加工总余量。工序加工余量是指相邻两工序的工序尺寸之差，即在一道工序中从某一加工表面切除的材料层厚度。

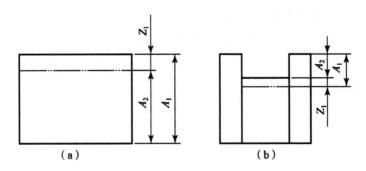

图3-7　单边加工余量

对于如图3-7所示的单边加工表面，其单边加工余量为：

$$Z_1 = A_1 - A_2 \qquad (3-2)$$

式中：A_1——前道工序的工序尺寸；

A_2——本道工序的工序尺寸。

对于对称表面，其加工余量是对称分布的，为双边加工余量，如图3-8所示。

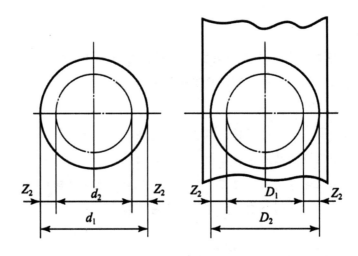

图3-8　双边加工余量

对于轴：

$$2Z_1 = d_1 - d_2 \qquad (3-3)$$

对于孔：

$$2Z_2 = D_2 - D_1 \qquad (3-4)$$

式中：$2Z_2$——直径上的加工余量；

d_1，D_1——前道工序的工序尺寸（直径）；

d_2，D_2——本道工序的工序尺寸（直径）。

加工总余量是毛坯尺寸与零件图的设计尺寸之差，也称毛坯余量。加工总余量等于同一个加工表面的各道工序的余量之和，即：

$$Z_{总} = \sum_{i=1}^{n} Z_i \tag{3-5}$$

式中：$Z_{总}$——加工总余量；

Z_i——第 i 道工序加工余量；

n——该表面总加工的工序数。

二、影响加工余量大小的因素

加工余量的大小对零件的加工质量和生产效率都有较大的影响。加工余量过大，会影响生产率。加工余量过小，不能保证加工质量，因此，应该合理确定加工余量的大小。影响加工余量大小的因素主要有：

①前工序加工面（或毛坯）的表面质量；②前工序（或毛坯）的工序尺寸公差；③前工序的各表面相互位置的空间偏差；④本工序的安装误差，如定位误差和夹紧误差；⑤热处理后出现的变形。

由于毛坯尺寸和工序尺寸都有制造公差，总余量和工序余量都是变动的，因此，加工余量有基本余量、最大余量、最小余量三种情况。如图3-9所示的被包容面表面加工，基本余量是前工序和本工序基本尺寸之差；最小余量是前工序最小工序尺寸和本工序最大工序尺寸之差；最大余量是前工序最大工序尺寸和本工序尺寸之差。对于包容面则相反。

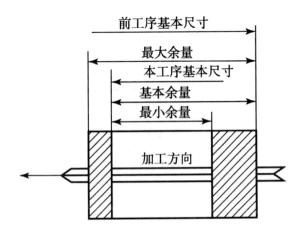

图3-9　加工余量及其公差

三、确定加工余量的方法

（一）查表修正法

确定加工余量时，可直接从手册中获得所需数据，然后结合实际生产情况进行适当修正，此方法的应用范围较为广泛。

（二）分析计算法

它是一种根据一定的经验资料和公式，通过对各项影响因素进行逐项分析和综合计算来确定加工余量的方法。这种计算方法比较精确，对保证加工质量和节约金属材料都有重要的意义。但是，使用计算法必须拥有比较全面的试验数据和先进的计算手段。

（三）经验估算法

此方法是根据实践经验确定加工余量，适用于单件小批量生产。

四、工艺尺寸链

在零件的加工过程中，被加工表面以及各表面之间的尺寸都在不断地变化，这种变化无论是在一道工序内，还是在各工序之间都有一定的内在联系。运用工艺尺寸链理论去揭示这些尺寸间的相互关系，是合理确定工序尺寸及其公差的基础，已成为编制工艺规程时确定工艺尺寸的重要手段。

（一）工艺尺寸链的概念

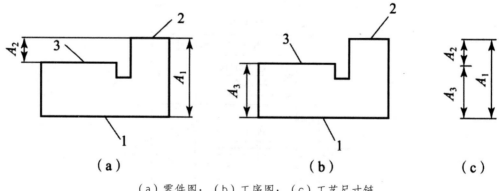

（a）零件图；（b）工序图；（c）工艺尺寸链

图3-10 零件加工中的工艺尺寸链

如图 3-10（a）所示零件，平面 1、2 已加工，要加工平面 3，平面 3 的位置尺寸为 A_2，其设计基准为平面 2。当选择平面 1 为定位基准时，就出现了设计基准与定位基准不重合的情况。在采用调整法加工时，工艺人员需要在工序图 3-10（b）上标注工序尺寸 A_3，供对刀和检验时使用，以便直接控制工序尺寸 A_3，间接保证零件的设计尺寸 A_2。尺寸 A_1、A_2、A_3 首尾相连构成一封闭的尺寸组合。

在机械制造中称这种相互联系且按一定顺序排列的封闭尺寸组合为尺寸链。

如图 3-10（c）所示，由工艺尺寸所组成的尺寸链称为工艺尺寸链。尺寸链的主要特征是封闭性，即组成尺寸链的有关尺寸按一定顺序首尾相连构成封闭图形，没有开口。

（二）工艺尺寸的组成

组成工艺尺寸链的每一个尺寸称为工艺尺寸链的环。如图 3-10（c）所示的尺寸链有 3 个环。工艺尺寸链由一系列的环组成。环又分为以下几种类型：

1.组成环

在加工过程或装配中相互联系并影响着，直接保证获得的尺寸称为组成环，用 A_i 表示，如图 3-10 中的 A_1、A_3。

2.封闭环（终结环）

在加工或装配过程中最后形成的一环，它的大小通过各组成环间接保证而获得的尺寸，称为封闭环，用 A_0 表示。图 3-10（c）所示尺寸链中，A_2 是通过 A_1、A_3 间接保证而得到的尺寸，所以 A_2 就是图 3-10（c）所示尺寸链的封闭环。

3.增环、减环

由于工艺尺寸链是由一个封闭环和若干个组成环构成的封闭图形，故尺寸链中组成环的尺寸变化必然会引起封闭环的尺寸变化。当某组成环增大（其他组成环保持不变），封闭环也随之增大时，则该组成环称为增环，如图 3-10（c）中的 A_1。当某组成环增大（其他组成环保持不变）封闭环反而减小，则该组成环为减环，如图 3-10（c）中的 A_3。

（三）增环、减环的判别方法

直接按照增、减环的定义法进行判别，但是环数太多的尺寸链使用定义判别比较困难，因此一般很少采用。

1.回路法

用箭头方法确定，即凡是箭头方向与封闭环箭头方向相反的组成环为增环，相同的组成环为减环。

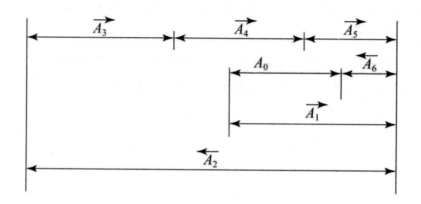

图3-11　回路法确定增、减环

如图3-10所示尺寸链，其中A_0为封闭环，通过回路法可确定，A_1、A_3、A_4、A_5箭头走向与A_0相反，为增环；A_2、A_6箭头走向与A_0相同，为减环。

2.串、并联法

与封闭环串联的尺寸是减环；与封闭环并联的尺寸是增环。如图3-10（c）所示，尺寸链中A_2（封闭环）与A_1为并联关系，所以A_1为增环；A_2与A_3成串联关系，所以A_3为减环。

注：在进行增、减环的判别时，回路法适用于尺寸链环数较多、组成比较复杂且有相互重叠环的情况，如图3-11所示；而串、并联法适用于尺寸链组成比较简单、无相互重叠环的情况，如图3-10（c）所示。

五、工艺尺寸链的计算公式

工艺尺寸链的计算方法有两种：极值法和概率法。生产中一般采用极值法（或称极大极小值法）。用极值法解尺寸链是以尺寸链各环均处于极值条件来求解封闭环尺寸与组成环尺寸之间关系的。用概率法解尺寸链则是运用概率论理论来求解封闭环尺寸与组成环尺寸之间关系的。

（一）极值法解尺寸链的计算公式

机械制造中的尺寸公差通常用基本尺寸（A）、上偏差（ES）、下偏差（EI）表示，还可以用最大极限尺寸（A_{max}）与最小极限尺寸（A_{min}）或基本尺寸（A）、中间偏差（$\triangle$）与公差（T）表示，它们之间的关系如图3-12所示。

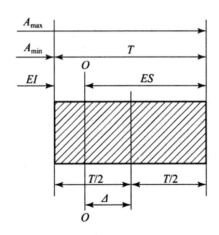

图3-12 基本尺寸、极限偏差、公差与中间偏差的关系

1.封闭环基本尺寸计算

封闭环基本尺寸为所有增环基本尺寸之和减去所有减环基本尺寸之和，即：

$$A_0 = \sum_{i=1}^{m} \vec{A}_i - \sum_{i=1}^{n} \overleftarrow{A}_i \qquad (3-6)$$

式中：m——增环数；

n——减环数。

2.极限尺寸的计算

封闭环最大极限尺寸＝所有增环最大极限尺寸之和减去所有减环最小极限尺寸之和，即：

$$A_{0\max} = \sum_{i=1}^{m} \vec{A}_{i\max} - \sum_{i=1}^{n} \overleftarrow{A}_{i\min} \qquad (3-7)$$

式中：$A_{0\max}$——封闭环最大极限尺寸；

$\vec{A}_{i\max}$——增环最大极限尺寸；

$\overleftarrow{A}_{i\min}$——减环最小极限尺寸。

封闭环最小极限尺寸二所有增环最小极限尺寸之和减去所有减环最大极限尺寸之和，即：

$$A_{0\min} = \sum_{i=1}^{m} \vec{A}_{i\min} - \sum_{i=1}^{n} \overleftarrow{A}_{i\max} \qquad (3-8)$$

式中：$A_{0\max}$——封闭环最小极限尺寸；

$\vec{A}_{i\min}$——增环最小极限尺寸；

$\overleftarrow{A}_{i\max}$——减环最大极限尺寸。

3.上下偏差的计算

封闭环上偏差＝所有增环上偏差之和减去所有减环下偏差之和，即：

$$ES_{A_0} = \sum_{i=1}^{m} ES_{\vec{A}_i} - \sum_{i=1}^{n} EI_{\overleftarrow{A}_i} \qquad (3-9)$$

式中：ES_{A_0}——封闭环上偏差；

$\quad\quad ES_{\vec{A}_i}$——增环上偏差；

$\quad\quad EI_{\overleftarrow{A}_i}$——减环下偏差。

封闭环下偏差＝所有增环下偏差之和减去所有减环上偏差之和，即：

$$EI_{A_0} = \sum_{i=1}^{m} EI_{\vec{A}_i} - \sum_{i=1}^{n} ES_{\overleftarrow{A}_i} \qquad (3-10)$$

式中：EI_{A_0}——封闭环下偏差；

$\quad\quad EI_{\vec{A}_i}$——增环下偏差；

$\quad\quad ES_{\overleftarrow{A}_i}$——减环上偏差。

4.封闭环公差的计算

封闭环公差为各组成环公差之和，即

$$T_0 = \sum_{i=1}^{m} \vec{T}_i + \sum_{i=1}^{n} \overleftarrow{T}_i = \sum_{i=1}^{m+n} T_i \qquad (3-11)$$

式中：T_0——封闭环公差。

5.各环平均公差计算

各环平均公差＝封闭环公差与各组成环数目总和之比，即：

$$T_m = \frac{T_0}{m+n} \qquad (3-12)$$

式中：T_m——平均公差。

（二）概率法解尺寸链的计算公式

概率法（统计法）的近似计算是假定各环分布曲线是对称分布于公差值的全部范围内（正态分布），所以有

封闭环公差

$$T_0 = \sqrt{\sum_{i=1}^{m+n} T_i^2} \qquad (3-13)$$

各组成环的平均公差

$$T_m = \frac{T_0}{\sqrt{m+n}}$$

（3-14）

与极值法相比，概率计算法的各组成环的平均公差被放大了 $\sqrt{n-1}$ 倍，从而使零件加工精度降低，成本降低。

六、工艺尺寸链的应用及解算方法

在制定零件的加工工艺规程时，利用工艺尺寸链进行正确的分析和计算，对充分运用现有工装、优化工艺、提高生产率有着十分重要的意义。在成批、大量生产中，对尺寸链的分析计算，有助于确定合适的工序尺寸、公差和余量，减少废品；在机器设计中，常用尺寸链进行分析和计算，以确定合适的零件尺寸公差和技术条件；制定产品和部件的装配工艺、解决装配质量问题及验算部件的配合尺寸公差是否协调也经常需要应用尺寸链。总之，在零件加工过程及产品设计、制造、装配、维修过程中，尺寸链的计算及应用都是不可缺少的。

（一）工艺尺寸链的建立

1.确定封闭环

在工艺尺寸链中，由于封闭环是加工过程中自然形成的尺寸，所以当零件的加工方案变化时，封闭环也会随之发生变化。如图3-13所示的零件，当分别采用两种加工方法时，尺寸链的封闭环将会发生变化。

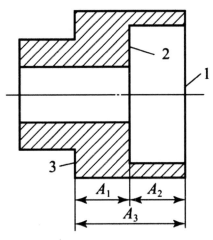

图3-13　封闭环确定示例

以表面3为定位基准车削面1，获得尺寸再以表面1为测量基准车削面2获得尺寸 A_2，此时 A_1 为间接获得的尺寸，为封闭环。

以加工好的面1为测量基准加工面2，直接获得 A_2，然后掉头以表面2为定位基准，采用定距装刀法车削3（保证刀具到定位基准面2的距离）直接保证尺寸A_1，此时A_3为间接获得的尺寸，为封闭环。

2.组成环的查找

组成环指加工过程中直接获得的且对封闭环有影响的尺寸，在查找过程中，一定要根据这一特点进行查找，如图3-14（a）所示，无论采用哪种加工方法，表面4至表面3的轴向尺寸均不会影响封闭环，所以不属于组成环。

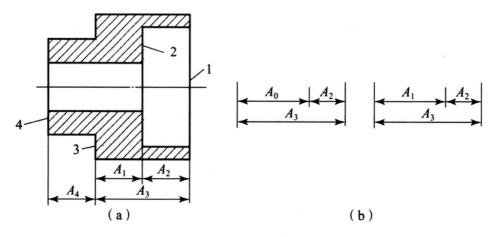

图3-14　组成环确定示例

3.画工艺尺寸链图

画工艺尺寸链图的方法是从构成封闭环的两表面同时开始。按照工艺过程的顺序，分别向前查找该表面最近一次加工的加工尺寸，再进一步查找该加工尺寸的工序基准的最近一次的加工尺寸，如此继续向前查找，直到两条路线最后到达的加工尺寸的工序基准重合，形成封闭的轮廓，即得到了工艺尺寸链图，如图3-14（b）所示。

（二）增环、减环的判别

增环、减环的判别依据是尺寸链的封闭环，如果封闭环判断错了，整个工艺链的解算也就错了。因此，在确定封闭环时，要根据零件的工艺方案紧紧抓住间接得到的尺寸这一要点。

第四章　机械加工质量控制

第一节　机械加工精度

一、机械加工精度概述

（一）加工精度的概念及获取方法

1.加工精度的概念

加工精度是指零件加工后的实际几何参数（尺寸、形状和相互位置）与理想几何参数的接近程度。实际值与理想值越接近，加工精度就越高。零件的加工精度包含尺寸精度、形状精度和位置精度。这三者之间相互关联，通常形状公差限制在位置公差内，位置公差一般限制在尺寸公差内。当尺寸精度要求高时，相应的位置精度和形状精度也要求高；但生产中也有形状精度、位置精度要求极高而尺寸精度要求不很高的表面，如机床床身导轨表面。

一般情况下，零件的加工精度越高，加工成本也越高，生产效率越低。从保证产品的使用性能分析，没有必要把每个零件都加工得绝对精确，可以允许有一定的加工误差。设计人员应根据零件的使用要求，合理地制定零件所允许的加工误差。工艺人员应根据设计要求、生产条件等因素，采取适当的工艺方法，保证加工误差不超过允许范围，并在此前提下尽量提高生产效率和降低成本。

在机械加工中，零件的尺寸、几何形状和表面间相对位置的形成，取决于工件和刀具在切削过程中相互位置的关系。而工件和刀具又安装在夹具和机床上，并受到夹具和机床的约束。因此，加工精度涉及整个工艺系统（由机床、夹具、刀具和工件构成的系统）的精度问题。工艺系统中的种种误差，在不同的具体条件下，以不同的程度和方式反映为加工误差。加工误差是指零件加工后的实际几何参数（尺寸、形状和相互位置）与理想几何参数的偏差。工艺系统的误差是"因"，加工误差是"果"。因此，把工艺系统的误差称为原始误差。切削加工中，由于各种原始误差的影响，会使刀具和工件间的位置与理想位置之间产生偏差，从而引起加工误差。加工精度和加工误差是从两个不同的角度来评定加工零件的几何参数，加工精度的高低是通过加工误差的大小来判定的，保证和提高加工精度实质上就是限制和减小了加工误差。

2.加工精度的获取方法

（1）试切法

试切法是指操作工人在每一工步或走刀前进行对刀，切出一小段，测量其尺寸是否合适，如不合适，则调整刀具的位置，再试切一小段，直至达到尺寸要求后才加工这一尺寸的全部表面。试切法的生产效率低，且要求工人有较高的技术水平，否则不易保证加工质量，因此多用于单件小批生产。

（2）调整法

调整法是指按规定尺寸调整好机床、夹具、刀具和工件的相对位置及进给行程，保证在加工时自动获得符合要求的尺寸。采用这种方法加工时不再进行试切，生产效率大大提高，但其精度稍低，主要取决于机床和夹具的精度以及调整误差的大小。调整法可分为静调整法和动调整法两类。

①静调整法

静调整法又称样件法，是在不切削的情况下，采用对刀块或样件调整刀具的位置。如在镗床上用对刀块调整镗刀的位置，以保证锥孔的直径尺寸。在铣床上用对刀块调整镗刀的位置，以保证工件的高度尺寸。在六角车床、组合机床、自动车床及铣床上，常采用行程挡块调整尺寸，这也是一种经验调整法，其调整精度一般较低。

②动调整法

动调整法又称尺寸调整法，是按试切零件进行调整，直接测量试切零件的尺寸，可以是试切一件或一组零件，若所有试切零件合格，则调整完毕，即可开始加工。这种方法多用于大批大量生产。由于考虑了加工过程中的影响因素，动调整法的精度比静调整法的高。

（3）定尺寸刀具法

定尺寸刀具法是指利用固定尺寸的加工刀具加工工件的方法。如利用钻头、镗刀块、拉刀及铰刀等加工孔。有些固定尺寸的孔加工刀具可以获得非常高的精度，生产效率也非常高。但是由于刀具必然有磨损，磨损后尺寸不能保证，因此成本较高，多用于大批大量生产。此外，采用成形刀具加工也属于这种方法。

（4）主动测量法

主动测量法是指在加工过程中边加工边测量，达到要求时立即停止加工的方法。随着数字化和信息化技术的发展，主动测量获得的数值可以用数字显示，达到尺寸要求时可自动停车。这种方法的精度高，质量稳定，生产效率也高。由于要用一定型号规格的测量装置，故多应用于大批大量生产。应该注意，采用这种方法时，对前一工序的加工精度应有一定的要求。

（二）工艺系统的几何误差

1.机床误差

机床误差包括机床制造误差、磨损和安装误差。机床误差的项目较多，这里主要分析对零件加工精度影响较大的主轴回转误差、导轨误差及传动链误差。

（1）主轴回转误差

机床主轴是用来装夹工件或刀具，并将运动和动力传给工件或刀具的重要零件。主轴回转误差是指主轴实际回转轴线相对其理想回转轴线的变动量。它将直接影响被加工工件的形状精度和位置精度。为便于分析，可将主轴回转误差分解为径向圆跳动、轴向圆跳动和角度摆动。

①径向圆跳动

径向圆跳动是指主轴回转轴线相对于理论回转轴线在径向的变动量。车外圆时，它使加工面产生圆度和圆柱度误差。产生径向圆跳动误差的主要原因是主轴支承轴颈的圆度误差和轴承工作表面的圆度误差等。

②轴向圆跳动

轴向圆跳动是指主轴回转轴线沿理论回转轴线方向的变动量。车端面时，它使工件端面产生垂直度、平面度误差。产生轴向圆跳动的原因是主轴轴肩端面和推力轴承承载端面对主轴回转轴线有垂直度误差。

③角度摆动

角度摆动是指主轴回转轴线相对理论回转轴线在角度方向上的偏移量。车削时，角度摆动会使加工表面产生圆柱度误差和端面的形状误差。

提高主轴及箱体轴承孔的制造精度，选用高精度的轴承，提高主轴部件的装配精度，对主轴部件进行平衡，对滚动轴承进行预紧等，均可提高机床主轴的回转精度。

（2）导轨误差

机床导轨是机床各部件相对位置和运动的基准，它的各项误差直接影响被加工工件的精度。

（3）传动链误差

传动链误差是指传动链始末两端传动元件间相对运动的误差。机床传动链是由若干个传动元件按一定的相互位置关系连接而成的。因此，影响传动精度的因素有：传动件本身的制造精度和装配精度；各传动件及支撑元件的受力变形；各传动件在传动链中的位置；传动件的数目。

各传动件的误差造成了传动链的传动误差，若各传动件的制造精度和装配精度低，则传动精度也低。由于传动件均有误差，则传动件越多，传动精度越低。传动件的精度对传动链精度的影响，随其在传动链中的位置的不同而不同，实践证明，越靠近末端的传动件，其精度对传动链精度的影响越大。因此，一般均使得最接近末端的传动件的精度比中间传动件的精度高1～2级。此外，传动件的间隙也会影响传动精度。

2. 刀具误差

刀具误差对工件加工精度的影响，主要表现为刀具的制造误差和磨损，其影响程度随刀具种类的不同而异。

（1）定尺寸刀具

如钻头、铰刀、拉刀、丝锥等，加工时刀具的尺寸和形状精度直接影响工件的尺寸和形状精度。

（2）成形刀具

如成形车刀、成形铣刀、成形砂轮的形状精度直接影响工件的形状精度。

（3）展成加工用的刀具

如齿轮滚刀、插刀等的精度也影响齿轮的加工精度。

（4）普通单刃刀具

如普通车刀、镗刀等的精度对工件的加工精度没有直接影响，但刀具的磨损会影响工件的尺寸精度和形状精度。

3. 夹具误差

夹具误差包括定位误差、夹紧误差、夹具的安装误差以及夹具在使用过程中的磨损等。这些误差影响到被加工工件的位置精度、形状精度和尺寸精度。

夹具精度与基准不重合误差以及定位元件、对刀装置、导向装置的制造精度和装配精度有关。一般来说，对于IT5～IT7级精度的工件，夹具精度取被加工工件精度的1/3～1/5；对于IT8级及其以下精度的工件，夹具精度可为工件精度的1/5～1/10。

（三）工艺系统的受力变形

在切削加工过程中，工艺系统受到切削力、重力、夹紧力、传动力和惯性力等的作用，产生相应的变形。这种变形将破坏刀具与工件之间的位置关系，从而造成加工误差。

1. 工艺系统的刚度

根据胡克定理，作用力F（静载）与在作用力方向上产生的变形量y的比值称为物体的静刚度k（简称刚度）。

$$k = F/y \qquad (4-1)$$

式中：k——静刚度（N/mm）；

F——作用力（N）；

y——沿作用力 F 方向的变形量（mm）。

切削过程中，工艺系统在各种外力作用下，其各部分将在各个方向上产生相应的变形。一般主要研究的是误差敏感方向，即通过刀尖的加工表面法向的位移。因此，工艺系统的刚度 $k_{系统}$ 定义为：工件和刀具的法向切削分力（即背向力或称切深抗力）F_p 与在总切削力的作用下，它们在该方向上的相对位移 $y_{系统}$ 的比值，即 $k_{系统} = F_p / y_{系统}$。

工艺系统的总变形量为：$y_{系统} = k_{机床} + k_{夹具} + k_{刀具} + k_{工件}$，而 $k_{机床} = F_p / y_{机床}$；$k_{夹具} = F_p / y_{夹具}$；$k_{刀具} = F_p / y_{刀具}$；$k_{工件} = F_p / y_{工件}$。则工艺系统刚度的一般式为：

$$k_{系统} = \frac{1}{1/k_{机床} + 1/k_{夹具} + 1/k_{刀具} + 1/k_{工件}}$$

（4-2）

由式（4-2）可知，工艺系统的总刚度总是小于系统中刚性最差的部件刚度。所以，要提高工艺系统的总刚度，必须从刚度最差的部分着手。同时，在使用该公式计算工艺系统总刚度时，可针对具体情况进行分析，忽略一些变形很小的部件。

2.工艺系统受力变形对加工精度的影响

（1）切削过程中受力点位置变化引起的工件形状误差

①用两顶尖装夹车粗短轴

在此模式中，可不计工件的变形，只计算头架、尾座顶尖处和刀架的变形。其中，刀架的变形并不随切削点位置的变化而变化，因此也不影响工件的形状精度。

②用两顶尖装夹车细长轴

由于工件细长，刚度小，在车削过程中工件产生的变形量远大于工艺系统中其他部分的变形。因此，机床、夹具和刀具的变形均忽略不计，工艺系统的变形主要取决于工件的变形。

（2）毛坯误差的复映

在切削加工过程中，由于被加工表面的几何形状误差及材料硬度不均，引起切削力的变化，从而使受力变形随之变化，产生加工误差。这种误差与工件表面加工前的误差形状相似，误差值减小，似原误差的残留，称为"误差复映"，引起的加工误差称为"复映误差"。

（3）切削过程中受力方向变化引起的加工误差

在切削过程中，如果有方向周期性变化的力（旋转力）作用于刀具和工件之间，当这个作用力正好与力 F_p 方向相同（或相反）时，工艺系统随之产生一定量的变形，使实际 a_p 增大（或减小），因而造成工件的形状误差（一般为心形圆度误差）。这种情况多见于外圆的车削、磨削及旋风铣削等加工中，用两顶尖装夹进行车削或磨削时，拨销的传动力方向是旋转的，传动件质量不平衡时的离心力也是旋转的。

（4）其他力引起的加工误差

在工艺系统中，由于零部件的自重作用会产生变形，如龙门铣床、龙门刨床刀架横梁向下弯曲变形，铣床锥杆伸长下垂变形等，都会造成加工误差。

此外，被加工工件在装夹过程中，由于夹紧力过大、工件刚度较低或着力点不当，也会引起工件的变形，造成加工误差。

3.减少受力变形对加工精度影响的措施

在机械加工中，工艺系统受力变形所造成的加工误差总是客观存在的，其影响关系为：受力—刚度—变形—加工误差。原则上，减小工艺系统受力和改变受力方向、提高工艺系统的刚度以及控制变形与加工误差之间的关系（避开误差敏感方向）等，都是减少工艺系统受力变形对加工精度影响的有效措施。由前面的分析可知，一般情况下，不变的变形量主要会造成调整尺寸和位置的误差，而由于受力变化或刚度变化引起变形量的变化会造成工件的形状误差。解决实际问题时，应根据具体的加工条件和要求，采取有效且可行的方法。

（1）提高工艺系统的刚度

这是减少受力变形最直接和有效的措施。

①提高接触刚度

零件连接表面由于存在宏观和微观的几何误差，使实际接触面积远小于名义接触面积，在外力作用下，这些接触处将产生较大的接触应力，引起接触变形。而当载荷增加时，随变形的增加，接触面积增大，接触刚度也随之增大。

对于一般部件，其接触刚度都低于实际零件的刚度，所以提高接触刚度是提高工艺系统刚度的关键。常用的方法是：改善工艺系统主要零件接触面的配合质量，使实际接触面积增加，尽可能减少接触面的数量。此外，在接触面之间预加载荷，可以消除间隙，提高接触刚度。这种方法在各类轴承的调节及数控机床、加工中心等的滚动导轨和滚珠丝杠中广泛应用，效果显著。

②提高关键零部件的刚度

在机床和夹具中，应保证支承件（如床身、立柱、横梁、夹具体等）、主轴部件和传动件有足够的刚度。

（2）控制受力大小和方向

切削加工时，切削力的大小通常是可以控制的，选择切削用量时，应根据工艺系统的刚度条件限制背吃刀量和进给量的大小；增大刀具的主偏角可减少对变形敏感的背向力；采用浮动镗刀或双刃镗刀，可使背向力自行封闭或抵消，从而消除其不良影响。对不平衡的转动件，必要时须设置平衡块，以消除离心力的作用；针对拨销的传动力造成的形状误差，可采用双拨盘或柔性连接装置，使传动力平衡。

（3）合理装夹工件，减少受力变形

当工件本身的刚度低、易变形时，应采用合理的装夹方式。如在车削细长轴时，增设中心架或跟刀架等，用增加支承的方法减少变形；尽可能降低工件的装夹高度及减小夹紧力作用点至加工表面的距离，以提高工件刚度。

（四）工艺系统的受热变形

1.工艺系统的热源

在机械加工过程中，工艺系统在各种热源的作用下，都会产生一定的热变形。由于热变形会产生加工误差。随着高效、高精度、自动化加工技术的发展，工艺系统热变形问题变得更为突出。在精加工中，由于热变形引起的加工误差已占到加工误差总量的 40% ～ 70%。

（1）内部热源

①切削热

切削过程中，刀具与切削层的弹性变形、塑性变形及刀具与工件切削面摩擦产生的能量，绝大部分转化为切削热。切削热将传入工件、刀具、切屑和周围介质，它是工艺系统中工件和刀具热变形的主要热源。

②摩擦热及动力源发热

机床中的各种运动副，如齿轮副、导轨副、丝杠螺母副、蜗轮蜗杆副、摩擦离合器等，在相对运动时因摩擦生热；机床的各种动力源如液压系统、电机等，工作时因能耗而发热。

③派生热源

部分切削热由切屑、切削液传给机床床身，摩擦热由热传导和润滑液传至机床各处，使机床产生热变形，这部分热源称为派生热源。此外，油池也是重要的派生热源。

（2）外部热源

外部热源主要是指环境温度变化和由阳光、灯光及取暖设备等直接作用于工艺系统的辐射热。

工艺系统受热源影响，温度逐渐升高，到一定温度时达到平衡，温度场处于稳定状态。因而热变形所造成的加工误差也有变值和定值两种，温度变化过程中加工的零件相互之间差异较大；热平衡后加工的零件几何精度相对较稳定。

2.机床热变形对加工精度的影响

机床热源的不均匀性及其结构的复杂性，使机床的温度场不均匀，机床各部分的变形程度不等，破坏了机床原有的几何精度，从而降低了机床的加工精度。

各类机床的结构和工作条件不同,其变形方式也不同。

车床类机床的主要热源是主轴箱轴承和齿轮的摩擦热,并通过主轴箱油池传热,使主轴箱和床身升温,产生的变形是主轴箱抬起、床身中凸弯曲。根据车床的工作特点,在车削圆柱面时,这种热变形不是误差敏感方向,对加工精度影响不大,而对于车削端面和圆锥面会造成较大的形状误差。

磨床通常加工精度较高,因此热变形的影响也大。磨床的主要热源是高速回转砂轮主轴的摩擦热及液压系统的发热。

3.工件热变形对加工精度的影响

切削热是工件热变形的主要热源,对于大型件或较精密件,外部热源也不可忽视。由于工件形状和受热程度的不同,工件的变形程度也不同。一些几何形状简单且对称的工件,在受热较均匀的情况下,热变形基本均匀,其变形量可按热膨胀原理直接计算:

长度热伸长量为:

$$\Delta L = \alpha \Delta t L \qquad (4-3)$$

直径热胀量为:

$$\Delta D = \alpha \Delta t D \qquad (4-4)$$

式中:α——工件材料的线膨胀系数(钢:$1.17 \times 10^{-5}/℃$;铸铁:$1 \times 10^{-5}/℃$;黄铜:$1.7 \times 10^{-7}/℃$);

Δt——工件温升;

L、D——室温下的工件长度和直径。

当工件受热不均匀,或工件结构较复杂时,其热变形会以弯曲或其他形式出现,可能造成更大的加工误差。因此,工件的加工精度越高,加工时就越要严格控制工件的热变形。最基本的方法是使用大量的切削液进行冷却。

4.刀具热变形对加工精度的影响

刀具在切削时受切削热作用,因刀具实体一般较小,热容量小,所以温升很高。当刀具长时间切削大面积工件表面时,随刀具的温升会给工件带来较大的形状误差;而短时间间断切削时,刀具热变形对加工精度影响不大。

5.减少工艺系统热变形的主要途径

(1)直接减少热源的发热及其影响

为减少机床的热变形,应尽可能将机床中的电动机、变速箱、液压系统、切削液系统等热源从机床主体中分离出去。对于不能分离的热源,如主轴轴承、传动系统、高速运动导轨副等,可以从结构、润滑等方面采取措施,以减少摩擦热的产生。例如,采用静压轴承、静压导轨，改用低黏度的润滑油、锂基润滑脂等。也可用隔热材料将发热部件和机床基础件（床身、立柱等）隔离开来。对发热量大，又无法隔热的热源，可采用有效的冷却措施，如增加散热面积或使用强制冷却的风冷、水冷、循环润滑等。一些大型精密加工机床还采用冷冻机将润滑液、切削液强制冷却。

（2）热补偿

减热降温的直接措施有时效果不理想或难以实施。而热补偿则是反其道而行之，将机床上的某些部位加热，使机床温度场均匀，从而产生均匀的热变形。对加工精度影响比较大的往往是机床形状的变化，如主轴箱上翘、床身弯曲等，如将主轴箱的左部和床身的下部用带余热的回油通过流动加热（或用热风加热），则热变形成为平行的变形，对加工精度的影响小得多。

（3）热平衡

当机床达到热平衡时，热变形趋于稳定，有利于加工精度的保证。因此，精加工一般都要求在热平衡下进行。为使机床尽快达到热平衡，缩短预热期，一种方法是加工前让机床高速空转；另一种方法是在机床适当部位增设附加热源，在预热期内向机床供热，加速其热平衡。同时，精密机床应尽量避免中途停车。

（4）控制环境温度

精密机床一般安装在恒温车间，其恒温精度一般控制在±1℃以内。恒温室平均温度一般为20℃，冬季可取17℃，夏季取23℃。机床的布置位置应注意避免日光直射及受周围其他热源影响。

（五）工件的内应力

内应力是指当外载荷去掉后仍存在于工件内部的应力。存在内应力时，工件处于一种不稳定的相对平衡状态。随着内应力的自然释放或受其他因素影响而失去平衡状态，工件将产生相应的变形，破坏其原有的精度。

1.内应力产生的原因

（1）制造毛坯时产生的内应力

在铸造、锻造、焊接及热处理等热加工过程中，由于工件各部分热胀冷缩的不均匀以及金相组织转变时的体积变化，在毛坯内部就会产生内应力。毛坯的结构越复杂，壁厚越不均匀，散热条件的差异越大，毛坯内部产生的内应力就越大。

铸件在凝固时会产生内应力，热加工产生内应力的一般规律是：先冷却的部分存在拉应力，后冷却的部分存在压应力。存在内应力的毛坯在表层被切除后，就会因内应力的重新分布而产生弯曲变形。

（2）冷校直引起的内应力

一些刚性较差、容易变形的细长工件（如丝杠等），常采用冷校直的方法纠正其弯曲变形。在弯曲的反向加外力 F，工件轴线以上产生压应力，轴线以下产生拉应力。在轴线和双点画线之间是弹性变形区；在双点画线外是塑性变形区。在外力 F 去除后，外层的塑性变形部分阻止内部弹性变形的恢复，使其内应力重新分布。此时，工件的弯曲被纠正了，但其内部却有内应力存在，处于不稳定状态，工件如果再次被加工，就将产生新的变形。因此，要求精度高、稳定性好的工件不允许冷校直，而是用多次切削消除复映误差，其间穿插多次时效处理来消除内应力。

2.减小或消除内应力变形误差的途径

（1）合理设计零件结构

在设计零件结构时，应尽量做到壁厚均匀、结构对称，以减小内应力的产生。

（2）合理安排工艺过程

工件中如有内应力产生，必然会有变形发生，应使内应力重新分布引起的变形能在进行机械加工之前或在粗加工阶段尽早发生，不让内应力变形发生在精加工阶段或精加工之后。铸件、锻件、焊接件在进入机械加工之前，应安排退火、回火等热处理工序；对箱体、床身等重要零件，在粗加工之后须适当安排时效处理工序；工件上一些重要表面的粗、精加工工序易分阶段安排，使工件在粗加工之后能有更多的时间通过变形使内应力重新分布，待工件充分变形之后再进行精加工，以减小内应力对加工精度的影响。

（六）原理误差、调整误差与测量误差

1.原理误差

原理误差是指由于采用了近似的成形运动、近似的刀刃形状等原因而产生的加工误差。例如，用模数铣刀铣齿，理论上要求加工不同模数、齿数的齿轮，就应该用不同模数、齿数的铣刀。生产中为了减少模数铣刀的数量，每一种模数只设计制造有限的几把（例如8把、15把、26把）模数铣刀，用以加工同一模数各种不同齿数的齿轮。当所加工齿轮的齿数与所选模数铣刀刀刃所对应的齿数不同时，就会产生齿形误差。此种误差就是原理误差。

机械加工中，采用近似的成形运动或近似的刀刃形状进行加工，虽然会由此产生一定的原理误差，但却可以简化机床结构和减少刀具数，只要加工误差能够控制在允许的制造公差范围内，就可以采用近似的加工方法。

2.调整误差

在机械加工过程中，有许多调整工作要做，例如，调整夹具在机床上的位置，调整刀具相对于工件的位置等。由于调整不可能绝对准确，由此产生的误差称为调整误差。引

起调整误差的因素很多，例如调整时所用刻度盘、样板或样件等的制造误差，测量用的仪表、量具本身的误差等。

3.测量误差

测量误差是指工件的测量尺寸与实际尺寸的差值。加工一般精度的零件时，测量误差可占工序尺寸公差的1/10～1/15；加工精密零件时，测量误差可占工序尺寸公差的1/3左右。

产生测量误差的原因主要有：量具、量仪本身的制造误差及磨损，测量过程中环境温度的影响，测量者的测量读数误差，测量者施力不当引起量具、量仪的变形等。

（七）提高加工精度的途径

如前所述，在机械加工中，由于工艺系统存在各种原始误差，这些误差不同程度地反映为工件的加工误差。因此，为保证和提高加工精度，必须设法直接控制原始误差的产生或控制原始误差对工件加工精度的影响。

1.减小或消除原始误差

提高工件加工时所使用的机床、夹具、量具及工具的精度，以及控制工艺系统受力、受热变形等均可以直接减少原始误差。为有效地提高加工精度，应根据不同情况对主要的原始误差采取措施加以减少或消除。对精密零件的加工，应尽可能提高所使用机床的几何精度、刚度，并控制加工过程中的热变形；对低刚度零件的加工，主要是尽量减少工件的受力变形；对型面零件的加工，主要是减少成形刀具的形状误差及刀具的安装误差。

2.补偿或抵消原始误差

误差补偿是指人为地造成一种误差去抵消加工过程中的原始误差的方法。误差抵消是指利用原有的一种误差去抵消另一种误差，尽量使两者大小相等，方向相反的方法。这两种方法在方式上虽有区别，但在本质上却没有什么不同。所以，在生产中往往把两者统称为误差补偿。这种方法应用较多。

3.转移原始误差

对于工艺系统的原始误差，也可以在一定条件下使其转移到不影响加工精度的方向或误差的非敏感方向，这样就可在不减小原始误差的情况下，获得较高的加工精度。

二、加工精度的统计分析方法

（一）加工误差的分类

按照在加工一批工件时的误差表现形式，加工误差可分为系统误差和随机误差两大类。

1.系统误差

在顺序加工一批工件中，其加工误差的大小和方向都保持不变，或者按一定规律变化，这类误差统称为系统误差。前者称为常值性系统误差，后者称为变值性系统误差。

加工原理误差包括机床、刀具、夹具的制造误差，工艺系统在均值切削力下的受力变形引起的加工误差等均与加工时间无关，其大小和方向在一次调整中也基本不变，因此都属于常值性系统误差。机床、夹具、量具等磨损引起的加工误差，在一次调整的加工中无明显的差异，故也属于常值性系统误差。

机床、刀具和夹具等在热平衡前的热变形误差以及刀具的磨损等，随加工时间而有规律地变化，由此产生的加工误差属于变值性系统误差。

2.随机误差

在顺序加工的一批工件中，其加工误差的大小和方向的变化是随机的，这类误差统称为随机误差。这是工艺系统中随机因素所引起的加工误差，它是由许多相互独立的工艺因素微小的随机变化和综合作用的结果。毛坯的余量大小不一致或硬度不均匀，将引起切削力的变化；在变化的切削力作用下，由于工艺系统的受力变形而导致的加工误差就带有随机性，属于随机误差。此外，定位误差、夹紧误差、多次调整的误差、残余应力引起的工件变形误差等都属于随机误差。

（二）分布图分析法

根据一批零件的加工尺寸或误差的实测数据，可以绘制尺寸或误差的分布图。

1.直方图

成批加工某种零件，抽取其中一定的数量进行测量，抽取的这批零件称为样本，其件数 n 称为样本容量。

所测零件的加工尺寸或偏差是在一定范围内变动的随机变量，用 x 表示。样本尺寸或偏差的最大值 x_{max} 与最小值 x_{min} 之差称为极差，即：

$$R = x_{max} - x_{min} \qquad (4-5)$$

将样本尺寸或偏差按大小顺序排列，并将它们分成 k 组，组距为 d，则有：

$$d = R / (k-1) \qquad (4-6)$$

同一尺寸或同一误差组的零件数量 m_i 称为频数。频数 m_i 与样本容量 n 之比称为频率，用 f_i 表示，即：

$$f_i = m_i / n \qquad (4-7)$$

选择的组数k和组距d要适当。组数过多，组距太小，分布图会被频数随机波动所歪曲；组数太少，组距太大，分布特征将被掩盖。

以工件尺寸（或误差）为横坐标，以频数或频率为纵坐标，就可做出该批工件加工尺寸（或误差）的实验分布图，即直方图。

为了分析该工序的加工精度情况，可在直方图上标出该工序的加工公差带位置，并计算出该样本的统计数字特征——平均值$\bar{x}$和标准差s。

样本的平均值$\bar{x}$表示该样本的尺寸分布中心，计算公式为：

$$\bar{x} = \frac{1}{n}\sum_{i=1}^{n}x_i \qquad (4-8)$$

式中：x_i——各样件的实测尺寸（或偏差）。

样本的标准差反映了该样本的尺寸分散程度，计算公式为：

$$s = \sqrt{\frac{1}{n-1}\sum_{i=1}^{n}\left(x_i - \bar{x}\right)^2} \qquad (4-9)$$

2. 理论分布曲线

研究加工误差时，常常应用数理统计学中的一些理论分布曲线来近似代替实验分布曲线，这样做可使误差分析问题得到简化。

（1）正态分布

概率论已经证明，相互独立的大量微小随机变量，其总和的分布符合正态分布。大量实验表明，在机械加工中，用调整法加工一批零件，当不存在明显的变值性系统误差时，则加工后零件的尺寸近似于正态分布。

概率密度函数的表达式为：

$$y = \frac{1}{\sigma\sqrt{2\pi}}e^{-\frac{1}{2}\left(\frac{x-\mu}{\sigma}\right)^2} \quad (-\infty < x < +\infty, \sigma > 0) \qquad (4-10)$$

式中：y——分布的概率密度；

$\quad\quad\ x$——随机变量；

$\quad\quad\ \mu$——正态分布随机变量总体的算术平均值（数学期望）；

$\quad\quad\ \sigma$——正态分布随机变量的标准差。

（2）非正态分布

工件的实际分布有时并不近似于正态分布。例如，将两次调整下加工的工件或两台机床加工的工件混在一起，尽管每次调整时加工的工件都接近正态分布，但由于其常值性系统误差不同，即两个正态分布中心位置不同，叠加在一起就会得到双峰分布曲线。

当工艺系统存在显著的热变形时，由于热变形在开始阶段变化较快，以后逐渐减弱，直至达到热平衡状态，在这种情况下，分布曲线呈现不对称状态，称为偏态分布。

3.分布图分析法的应用

（1）判别加工误差性质

假如加工过程中没有明显的变值性系统误差，其加工尺寸分布接近正态分布，这是判别加工误差性质的基本方法之一。

在生产中抽样算出$\bar{x}$和s，绘出分布图，如果$\bar{x}$值偏离公差带中心，则加工过程中有常值性系统误差，其值等于尺寸分布中心与公差带中心的偏移量。

正态分布的标准差σ的大小表明随机变量的分散程度。若样本的标准差s较大，说明工艺系统的随机误差显著。

（2）确定工序能力及其等级

工序能力是指工序处于稳定、正常状态时，此工序加工误差正常波动的幅值。当加工尺寸服从正态分布时，根据$\pm 3\sigma$原则，其尺寸分散范围是6σ所以工序能力就是6σ。当工序处于稳定状态时，工序能力系数C_p按下式计算：

$$C_p = \frac{T}{6\sigma}$$

（4-11）

式中：T——工序尺寸公差。

工序能力等级是以工序能力系数来表示的，它代表了工序能满足加工精度要求的程度。根据工序能力系数C_p的大小，可将工序能力分为5级，一般情况下，工序能力不应低于二级，即要求$C_p > 1$。

（3）估算合格品率或不合格品率

分布图分析法的缺点在于没有考虑一批工件加工的先后顺序，故不能反映误差变化的趋势，难以区别变值性系统误差与随机误差的影响，而且必须等到一批工件加工完毕后才能绘制分布图，因此不能在加工过程中及时提供控制精度的信息。采用下面介绍的点图分析法，可以弥补上述的不足。

（三）点图分析法

点图分析法是指在一批工件的加工过程中，依次测量工件的加工尺寸，并以时间间隔为序，逐个（或逐组）记入相应图表中，从而对其进行分析的方法。

1.$\bar{x}-R$点图

$\bar{x}-R$点图（平均值-极差图）做法如下：

顺次地每隔一定的时间抽检一组（m个，一般$m=5\sim10$）工件，设每组的平均值为$\bar{x}$，极差为R，则：

$$\overline{x} = \frac{1}{m}\sum_{i-1}^{m}x_i \qquad\qquad (4-12)$$

$$R = x_{max} - x_{min} \qquad\qquad (4-13)$$

以各组序号为横坐标，各组的 $\overline{x}$ 和 R 分别作为纵坐标，得到各组号对应的各点值，并作图。

$\overline{x}$ 点图反映出加工过程中分布中心的位置及其变化趋势，反映了系统性误差对加工过程的影响。

R 值代表了瞬时分散范围，所以 R 点图反映了加工过程中分散范围的变化趋势，即随机误差的影响。

一个稳定的工艺过程，它的分布中心和分散范围都应当保持不变或变化不大。因此要对工艺过程进行控制，必须用 $\overline{x}$ 和 R 两个点图。

2. $\overline{x} - R$ 控制图

在 $\overline{x} - R$ 点图上设置平行于横坐标的中心线及上下控制线。

中心线和上、下控制线的确定：

$$\overline{\overline{x}} = \frac{1}{k}\sum_{i=1}^{k}\overline{x}_i \qquad\qquad (4-14)$$

上控制线为：

$$VCL = \overline{\overline{x}} + AR \qquad\qquad (4-15)$$

下控制线为：

$$LCL = \overline{\overline{x}} - AR \qquad\qquad (4-16)$$

R 点图的中心线为：

$$\overline{R} = \frac{1}{k}\sum_{i=1}^{k}R_i \qquad\qquad (4-17)$$

上控制线为：

$$VCL = D_1R \qquad\qquad (4-18)$$

下控制线为：

$$LCL = D_2R \qquad\qquad (4-19)$$

式中：A、D_1、D_2——系数；

      k——抽检的组数。

3. 工艺过程稳定性的判别

工艺过程的稳定性是指工件的质量（精度）比较一致，没有什么波动。点的波动有正常波动和异常波动，正常波动说明工艺过程是稳定的；异常波动说明工艺过程不稳定。一旦出现异常波动，就要及时寻找原因，消除产生不稳定的因素。

第二节　机械加工表面质量

一、加工表面质量概述

加工表面质量包括两方面的内容：加工表面的几何形状误差和表面层金属的力学物理性能和化学性能。

（一）加工表面的几何形状误差

1. 表面粗糙度

表面粗糙度是加工表面的微观几何形状误差，其波长与波高的比值一般小于50。

2. 波度

加工表面不平度中波长与波高的比值等于50～1 000的几何形状误差称为波度。它是由机械加工中的振动引起的。

3. 纹理方向

纹理方向是指表面刀纹的方向，它取决于表面形成过程中所采用的机械加工方法。

4. 伤痕

伤痕是在加工表面上一些个别位置上出现的缺陷，例如砂眼、气孔、裂痕等。

（二）表面层金属的力学物理性能和化学性能

由于机械加工中力因素和热因素的综合作用，加工表面层金属的力学物理性能和化学性能将发生一定的变化，主要反映在以下几个方面：

1. 表面层金属的冷作硬化

在机械加工过程中，工件表面层金属都会有一定程度的冷作硬化，使表面层金属的显微硬度有所提高。一般情况下，硬化层的深度可达0.05～0.30mm，若采用滚压加工，硬化层的深度可达几个毫米。

2.表面层金属的金相组织变化

机械加工过程中，由于切削热的作用会引起表面层金属的金相组织发生变化。在磨削淬火钢时，由于磨削热的影响，会引起淬火钢的马氏体的分解或出现回火组织等。

3.表面层金属的残余应力

由于切削力和切削热的综合作用，表面层金属晶格会发生不同程度的塑性变形或产生金相组织的变化，使表面层金属产生残余应力。

二、机械加工表面质量对机器使用性能的影响

（一）表面质量对耐磨性的影响

1.表面粗糙度对耐磨性的影响

表面粗糙度值大，接触表面的实际压强增大，粗糙不平的凸峰间相互咬合、挤裂，使磨损加剧，表面粗糙度值越大越不耐磨；但表面粗糙度值也不能太小，表面太光滑，因存不住润滑油使接触面间容易发生分子黏结，也会导致磨损加剧。表面粗糙度的最佳值与机器零件的工况有关，载荷加大时，磨损曲线向上向右位移，最佳粗糙度值也随之右移。

2.表面纹理对耐磨性的影响

在轻载运动副中，两相对运动零件表面的刀纹方向均与运动方向相同时，耐磨性好；两者的刀纹方向均与运动方向垂直时，耐磨性差，这是因为两个摩擦面在相互运动中，切去了妨碍运动的加工痕迹。但在重载时，两相对运动零件表面的刀纹方向均与相对运动方向一致时容易发生咬合，磨损量反而大；两相对于下表面的刀纹方向，磨损量较小。

3.表面冷作硬化对耐磨性的影响

机械加工后的表面，由于冷作硬化使表面层金属的显微硬度提高，可降低磨损。加工表面的冷作硬化，一般能提高耐磨性；但是过度的冷作硬化将使加工表面金属组织变得疏松，严重时甚至出现裂纹，使磨损加剧。

（二）表面质量对配合性质的影响

加工表面如果太粗糙，必然要影响配合表面的配合质量。对于间隙配合表面，初期磨损的影响最为显著，零件配合表面的起始磨损量与表面粗糙度的平均高度成正比增加，原有间隙将因急剧的初期磨损而改变，表面粗糙度越大，变化量就越大，从而影响配合的稳定性。对于过盈配合表面，表面粗糙度越大，两表面相配合时的表面凸峰易被挤掉，这会使过盈量减少。对于过渡配合表面，则兼有上述两种配合的影响。

（三）表面质量对耐疲劳性的影响

表面粗糙度对承受交变载荷零件的疲劳强度影响很大。在交变载荷作用下，表面粗糙度的凹谷部位容易引起应力集中，产生疲劳裂纹。表面粗糙度值越小，表面缺陷越少，工件耐疲劳性越好；反之，加工表面越粗糙，表面的纹痕越深，纹底半径越小，其抵抗疲劳破坏的能力越差。表面粗糙度对耐疲劳性的影响还与材料对应力集中的敏感程度及材料的强度极限有关。钢材对应力集中最为敏感，钢材的极限强度越高，对应力集中的敏感程度就越大，而铸铁和非铁金属对应力集中的敏感性较弱。

表面层金属的冷作硬化能够阻止疲劳裂纹的生长，可提高零件的耐疲劳性。在实际加工中，加工表面在发生冷作硬化的同时，必然伴随产生残余应力。残余应力有拉应力和压应力之分，拉应力将使耐疲劳性下降，而压应力将使耐疲劳性提高。

（四）表面质量对耐蚀性的影响

零件的耐蚀性在很大程度上取决于表面粗糙度。大气里所含气体和液体与金属表面接触时，会凝聚在金属表面上而使金属腐蚀。表面粗糙度值越大，加工表面与气体、液体接触的面积越大，腐蚀物质越容易沉积于凹坑中，耐蚀性能就越差。

当零件表面层有残余压应力时，能够阻止表面裂纹进一步扩大，有利于提高零件表面抵抗腐蚀的能力。

三、影响机械加工表面质量的因素

（一）影响表面粗糙度的因素

1.切削加工后的表面粗糙度

（1）刀具几何形状对表面粗糙度的影响

切削加工后的表面粗糙度，是在刀具的切削刃相对于工件运动时，在已加工表面上遗留下来的切削层残留面积所形成的。如果将切削过程理想化，则表面粗糙度完全是刀具几何形状在切削加工过程中的反映。

但实际上，切削过程中材料的塑性变形，摩擦、积屑瘤以及工艺系统的振动，使得加工痕迹的形状及其规律的分布遭到歪曲，从而使粗糙度的形成过程大为复杂化，使残留面积的最大高度 H 与表面轮廓的算术平均偏差 Ra 并不相等（$H > Ra$）。

几何因素所产生的表面粗糙度主要决定于残留面积的高度。减小进给量 f，增大刀尖圆弧半径 r_ε 或减小主、副偏角偏角 k_r、k_r' 可以降低残留面积高度，从而减小表面粗糙度。

考虑到刀具刃口表面粗糙度在工件上的复映效果，还应提高刀具刃磨质量。

刀具前角γ_0和后角α_0虽然不直接影响残留面积，但前角增大，可以减少切削过程中材料的塑性变形，降低表面粗糙度。后角稍微增大可以减小刀刃后面与工件的摩擦，对降低表面粗糙度也是有利的。

（2）切削用量对表面粗糙度的影响

从物理因素方面考虑，要减小表面粗糙度主要应避免产生积屑瘤和鳞刺，减小加工中的塑性变形，通常采取的措施是选用合适的切削速度和改善被加工材料的性质。在低、中切削速度下，切削塑性材料时容易产生积削瘤和鳞刺；增大切削速度，使切削变形容易，流动通畅，可以使积削瘤和鳞刺减小甚至消失，从而减小表面粗糙度。

（3）零件材料性能对表面粗糙度的影响

对表面粗糙度影响最大的是材料的塑性和金相组织。材料的塑性越大，积削瘤和鳞刺越易生成和长大，表面粗糙度值越大；对于同样的材料，晶粒组织越大，加工后的表面粗糙度值也越大。因此，为了减小表面粗糙度，常在切削加工前对工件作正常化或调质处理，以提高材料的硬度、降低塑性，并得到均匀细密的晶粒组织。

此外，合理选择冷却润滑液可以减小切削过程中工件材料的变形和摩擦，并抑制积削瘤和鳞刺的生成。使用冷却润滑液还可降低切削区的温度，改善切削塑性变形状态，有利于降低表面粗糙度。

2.磨削加工后的表面粗糙度

磨削时由分布在砂轮表面上的磨粒与被磨表面间做相对转动产生的切削划痕，构成了表面的粗糙度。若单位面积上的磨粒越多，划痕越多越细密，则粗糙度值越低。磨削过程中，砂轮上的磨粒分布不均，粗细、高低不匀，每颗磨粒相当于一个刀刃，且大多数为负前角，磨削时砂轮速度很高，磨削层又薄，此时，比较锋利和突出的磨粒起着切削作用，而较钝的磨粒只是在工件表面划擦而过，有的甚至只起摩擦抛光作用。这样在被磨削表面出现无数微细溜槽，溜槽两侧伴随有塑性隆起，同时，磨削时温度很高，更增加了塑性变形，影响了表面粗糙度。

根据磨削的这些特点，影响磨削表面粗糙度的主要因素有：

（1）砂轮的选择

砂轮粒度越细，砂轮单位面积上磨粒数多，参加切削的磨粒也多，因而在工件磨削表面刻痕就细密，但粒度太细砂轮易堵塞，如果得不到及时修整，会使工件温度升高，塑性变形增加，表面粗糙度值增大。

砂轮硬度太高，磨钝后的砂粒不易脱落，"自励性"差，砂轮在工件表面产生强烈的摩擦，易导致工件表面烧伤；硬度太低，砂轮磨损快，会导致粗糙度值增加。故砂轮硬度要适中，具有良好的"自励性"，参加切削的砂粒要多，分布要均匀，加工后的表面粗糙度值就低。

（2）砂轮的修整

砂轮修整的目的是使砂轮具有正确的几何形状和锋利的微刃。砂轮经过修整后，砂轮表面平整而切削微刃等高性好，磨出的工件表面粗糙度值就小。

（3）磨削用量

磨削是为了使工件表面达到细小的粗糙度，为此一般选用薄的磨削深度、小的进给量、高的磨削速度。薄的磨削深度可使磨削力和磨削热降低，塑性变形和表面的挤压也都小，因而有利于降低粗糙度值。当磨削速度大于工件材料塑性变形速度时，材料来不及变形，因而可减少溜槽两侧的塑性隆起现象，降低表面粗糙度值。

（4）冷却润滑液的应用

合理选择冷却润滑液的成分或润滑方式，对减少砂轮磨损、降低磨削区的温度都十分有利，可以有效地降低表面粗糙度值。

（二）影响表面层力学物理性能和化学性能的因素

1.表面层金属的冷作硬化

（1）冷作硬化及其评定参数

切削过程中产生的塑性变形，会使表面层金属的晶格发生扭曲、畸变，晶粒间产生剪切滑移，晶粒被拉长，甚至破碎，这些都会使表面层金属的硬度和强度提高，这种现象称为冷作硬化，亦称强化。冷作硬化的程度取决于塑性变形的程度。被冷作硬化的金属处于高能位的不稳定状态，一有可能，金属的不稳定状态就要向比较稳定的状态转化，这种现象称为弱化。弱化作用的大小取决于温度的高低、热作用时间的长短和表面层金属的强化程度。由于在加工过程中表面层金属同时受到变形和热的作用，加工后表面层金属的最后性质取决于强化和弱化综合作用的结果。

评定冷作硬化的指标是：表层金属的显微硬度HV，硬化层深度h和硬化程度N。其中，$N = [(HV - HV_0) / HV_0] \times 100\%$（$HV_0$为工件内部金属原来的硬度）。

（2）影响冷作硬化的因素

①刀具的影响

切削刃钝圆半径越大，已加工表面在形成过程中受挤压的程度越大，加工硬化程度也越大；当刀具后刀面的磨损量增大时，后刀面与已加工表面的摩擦随之增大，冷作硬化程度也增加；减小刀具的前角，加工表面层塑性变形增加，切削力增大，冷作硬化程度和深度都将增加。

②切削用量的影响

切削速度增大时，刀具对工件的作用时间缩短，塑性变形不充分，随着切削速度的增大和切削温度的升高，冷作硬化程度将会减小。背吃刀量a_p和进给量f增大，塑性变形加剧，冷作硬化加强。

③加工材料的影响

加工材料的硬度越低、塑性越大，冷作硬化现象越严重。非铁金属的再结晶温度低，容易弱化，因此切削非铁合金工件时的冷硬倾向程度要比切削钢件时的小。

2.表面层金属的金相组织变化

机械加工过程中，在工件的加工区域，温度会急剧升高，当温度升高到超过工件材料金相组织变化的临界点时，就会发生金相组织变化。切削加工时，切削热大部分被切屑带走，因此影响较小，多数情况下，表层金属的金相组织没有质的变化。磨削加工时，切除单位体积材料所需消耗的能量远大于切削加工，磨削加工所消耗的能量绝大部分要转化为热，磨削热传给工件，使加工表面层金属金相组织发生变化。

磨削淬火钢时，会产生三种不同类型的烧伤：如果磨削区温度超过马氏体转变温度而未超过相变临界温度，这时工件表层金属的金相组织由原来的马氏体转变为硬度较低的回火组织（索氏体或托氏体），这种烧伤称为回火烧伤；如果磨削区温度超过了相变温度，在切削液急冷的作用下，使表层金属发生二次淬火，硬度高于原来的回火马氏体，里层金属则由于冷却速度慢，出现了硬度比原先的回火马氏体低的回火组织，这种烧伤称为淬火烧伤；若工件表层温度超过相变温度，而磨削区又没有冷却液进入，表层金属产生退火组织，硬度急剧下降，称之为退火烧伤。

磨削烧伤严重影响零件的使用性能，必须采取措施加以控制，可采取两个途径：一是尽可能减少磨削热的产生；二是改善冷却条件，尽量减少传入工件的热量。采用硬度稍软的砂轮，适当减小磨削深度和磨削速度，适当增加工件的回转速度和轴向进给量，采用高效冷却方式（如高压大流量冷却、喷雾冷却、内冷却）等措施，都可以降低磨削区温度，防止磨削烧伤。

3.表面层金属的残余应力

机械加工过程中由于切削变形和切削热等因素的作用在工件表面层材料中产生的内应力，称为残余应力。

（1）冷态塑性变形引起的残余应力

在切削加工过程中，工件表面受到刀具的挤压和摩擦而发生塑性变形。这种变形大多是在工件的法向被压缩，切向伸长；基体在阻碍塑性变形时，自身也发生弹性变形；当刀具的作用过去后，基体弹性恢复，使塑性变形后的表层与基体之间产生内应力。一般地，冷态塑性变形造成残余压应力。

（2）热态塑性变形引起的残余应力

在切削热作用下，工件表层受热膨胀并处于热塑性状态（塑性提高、强度下降），受温度较低的基体金属牵制而产生塑性变形；表层降温时，其冷缩又受基体阻碍而产生残余拉应力。磨削时，工件表层温度越高，热塑性变形就越大，所造成的残余拉应力可能导致磨削裂纹的产生。

（3）金相组织变化引起的残余应力

切削时产生的高温会引起表层金相组织的变化。不同的金相组织有不同的密度，表面层金属金相组织变化引起的体积变化，必然受到与之相连的基体金属的阻碍，因此就有残余应力产生。当表面层金属体积膨胀时，表层金属产生残余压应力，里层金属产生残余拉应力；当表面层金属体积缩小时，表层金属产生残余拉应力，里层金属产生残余压应力。例如，淬火钢磨削时发生回火烧伤，表层组织由马氏体变为索氏体，由于密度增大，使体积减小，结果在表层形成了残余拉应力。

一般情况下，用刀具进行的切削加工以冷态塑性变形为主，所形成的残余应力大小取决于塑性变形和冷作硬化程度；磨削时，上述三种形式的残余应力均有可能出现，但总以其中的一种或两种占主导地位，所形成的残余应力也是它们综合的结果。表面层存在残余压应力时，对零件的使用是有利的，而残余拉应力则有很大的害处。

4.提高和改善表面层力学物理性能和化学性能的措施

表面层力学物理性能和化学性能对零件的使用性能及寿命有很大影响，尤其对承受高负荷和交变载荷的零件，要求表面有高的强度及残余压应力。无屑加工是有效的方法，如挤压齿轮，冷打花键，滚压内、外圆柱面，冷轧丝杠等，这些方法都通过表面塑性变形最终成形，经变形强化的零件表面同时具有残余压应力，耐磨性和疲劳强度均较高。此外，还可对零件表面进行喷丸强化，用大量快速运动的珠丸打击已加工完毕的工件表面，使表面产生冷硬层和残余压应力。

第三节　机械加工过程中的振动

一、振动概述

机械加工过程中产生的振动，是一种十分有害的现象，它会干扰和破坏工艺系统的正常运动，使加工表面产生波纹，影响零件的表面质量和使用性能。由于工艺系统持续承受动态交变载荷的作用，刀具寿命降低，机床连接性受到破坏，精度会逐步丧失，严重时甚至使切削加工无法继续进行。为减少振动，有时不得不降低切削用量，造成机械加工效率降低。此外，振动引起的强烈噪声会危害周围人员的身体健康。

（一）自由振动

自由振动是指当系统受到初始干扰力而破坏了其平衡状态后，系统仅靠弹性恢复力来维持的振动。由于系统中总存在着阻尼，自由振动将逐渐衰减。在切削过程中，由于材料硬度不均或工件表面有缺陷，工艺系统就会产生这类振动，但由于阻尼作用，振动将迅速衰减，因而对机械加工的影响不大。

（二）强迫振动

机械加工过程中的强迫振动是指由于外界周期性干扰力（激振力）的作用而引起的振动。强迫振动是影响加工质量和生产效率的关键因素之一。

1.强迫振动产生的原因

强迫振动的振源有来自机床内部的，称为机内振源；也有来自机床外部的，称为机外振源。

机内振源主要有机床旋转件的不平衡、机床传动机构的缺陷、往复运动部件的惯性力以及切削过程中的冲击等。

机床中各种旋转零件（如电动机转子、联轴节、带轮、离合器等），由于形状不对称、材质不均匀或加工误差、装配误差等因素，难免会有偏心质量产生。偏心质量引起的离心惯性力与旋转零件转速的平方成正比，转速越高，产生周期性干扰力的幅值就越大。

齿轮制造不精确或有安装误差会产生周期性干扰力。带传动中的平带接头连接不良，链传动中由于链条运动的不均匀性，以及轴承滚动体大小不一等机床机构的缺陷产生的动载荷都会引起强迫振动。

油泵排出的压力油，其流量和压力是脉动的。由于液体压差及油液中混入空气而产生的空穴现象，也会使机床加工系统产生振动。

在铣削、拉削加工中，刀齿在切入工件或从中切出时，都会有很大的冲击发生。加工断续表面也会发生由于周期冲击而引起的强迫振动。

在具有往复运动部件的机床中，最强烈的振源往往是往复运动部件改变运动方向时所产生的惯性冲击。

2.强迫振动的特征

（1）频率

在机械加工中产生的强迫振动，其振动频率与干扰力的频率相同，或是干扰力频率的整数倍。这种频率的对应关系是诊断机械加工中所产生的振动是否为强迫振动的主要依据，并可利用上述频率特征去分析、查找强迫振动的振源。

（2）幅值

强迫振动的幅值既与干扰力的幅值有关，又与工艺系统的动态特性及干扰力频率有关。一般来说，在干扰力源频率不变的情况下，干扰力的幅值越大，强迫振动的幅值将随之增大。工艺系统的动态特性对强迫振动的幅值影响极大。如果干扰力的频率远离工艺系统各阶模态的固有频率，则强迫振动响应将处于机床动态响应的衰减区，振动幅值很小；当干扰力频率接近工艺系统某一固有频率时，强迫振动的幅值将明显增大；若干扰力频率与工艺系统某一固有频率相同，系统将产生共振。如果工艺系统阻尼较小，则共振幅值将很大。根据强迫振动的这一幅频响应特征，可通过改变运动参数或工艺系统的结构，使干扰力源的频率发生变化或让工艺系统的某阶固有频率发生变化，已使干扰力源的频率远离工艺系统的固有频率，强迫振动的幅值就会明显减小。

（3）相位角

强迫振动的位移变化总是比干扰力在相位上滞后一个φ角，其值与系统的动态特性及干扰力频率有关。

（三）自激振动

1. 自激振动的概念和特性

切削加工时，在没有周期性外力作用的情况下，刀具与工件之间也可能发生强烈的相对振动，并在工件加工表面留下明显的、有规律的振纹。这种由振动系统本身产生的交变力激发和维持的振动称为自激振动，也称颤振。工艺系统在偶发的干扰力作用下产生了瞬间微弱的振动，此振动导致切削力的波动，当切削力的波动反馈到工艺系统起到促进振动作用时，便产生了自激振动。

自激振动具有以下特性：

（1）自激振动的频率接近或等于系统的固有频率，完全由系统本身的参数决定。

（2）自激振动是一种不衰减的振动。振动过程要消耗能量，若没有能量的补充则成为衰减的自由振动。而自激振动会从振动过程中获取能量，来补充阻尼的损失。当获得的能量大于消耗的能量时，振动加剧，表现为振幅加大，使耗能增加；反之则衰减，直至获得能量与消耗能量相等，形成稳定振幅的不衰减振动。

（3）自激振动是由内部激振力引起的。自激振动往往是由一偶然的干扰力诱发的。干扰力消失后，自激振动却持续进行，所以干扰力是外因。自激振动的内因是系统内部在振动开始后有一个能自行产生和维持振动的交变力，因此在自振系统中必定有一个调整环节，能把非振荡性能源转换为交变的内部激振力并得到控制。因此，自激振动可以相当于由内部激振力维持的受迫振动。

2.切削颤振原理

（1）再生颤振学说

金属切削过程中，在切削区内往往存在重叠部分，如车削和磨削圆柱面时，刀具或砂轮"踩着"前一圈切出的部分，当前一圈切削因偶然因素在表面上留有振纹时，此振纹就成了继续切削时产生颤振的初始条件。

刀具在有波纹的表面切削时，切削力会因切削厚度的变化而发生周期性的变化，使工艺系统受到交变力的作用，易引起颤振。而产生颤振，且颤振得以持续的关键问题是振动系统如何从振动循环中获得能量。

（2）振型耦合学说

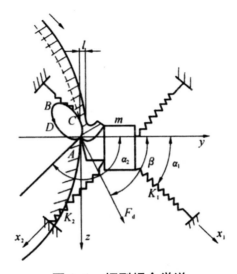

图4-1　振型耦合学说

以车削为例，用实验手段可测得在切削过程中刀尖以椭圆形的轨迹发生位置变化。如图4-1所示，刀尖振动时走过$A \to C \to B \to D \to A$的轨迹，此过程伴随着切削厚度的变化，使切削力产生周期性的变化，维持颤振。刀尖的这种运动轨迹还说明了此时的颤振是多自由度的振动系统，通常视为两个自由度的振动系统。设刀具和刀架的质量为m，分别是刚度为K_1和K_2互相垂直的双向弹性支承，同时在x_1和x_2两个方向上以不同的振幅和相位振动。刀尖在前半周切入（$A \to C \to B$）时，切削分力F_d方向与刀尖位移方向相反，切削力对刀具做负功；后半周切出时，切削力对刀具做正功。同时从图中可见，刀具切入的前半周平均切削厚度较小，切出的后半周平均切削厚度较大，因此切削分力对刀具做的正功大于负功，振动系统在振动循环中可获得能量，以维持颤振。获得能量越多，颤振的振幅就越大。

颤振是否发生，与两个弹性支承的方向和刚度大小的配置有关。根据理论分析并经实验证明，若 x_1 在 y 轴与切削分力孔之间，即 $0<\alpha_1<\beta$，且 $K_1>K_2$ 时，颤振不发生；而 $K_1<K_2$ 时，则产生颤振。

二、机械加工振动的控制

（一）强迫振动的控制

1.强迫振动的控制依据

从强迫振动的产生原因和特征可知，强迫振动的频率与外界干扰力的频率相同（或是它的整数倍）。强迫振动与外界干扰力在频率方面的对应关系，是诊断机械加工振动是否属于强迫振动的主要依据。可采用频率分析方法，对实际加工中的振动频率成分逐一进行诊断和判别。

2.强迫振动的控制程序

（1）现场拾振

现场拾振是指在现场加工条件下，沿加工部位附近的振动敏感方向，用传感器拾取机械加工过程中的振动响应信号，经放大后由磁带机录制在磁带上。

（2）频谱分析处理

将拾取的振动响应信号输入频谱分析仪做自功率谱密度函数处理，自谱图上各峰值点的频率即为机械加工的振动频率。自谱图上较为明显的峰值点有多少个，机械加工系统中的振动频率成分就有多少个。在位移谱图上，峰值最大的振动频率成分就是机械加工系统的主振频率成分。

（3）进行环境试验、查找机外振源

在机床处于完全停止的状态下，拾取振动信号，进行频谱分析。此时所得到的振动频率成分均为机外干扰力源的频率成分。然后将这些频率成分与现场加工的振动频率成分进行对比，如两者完全相同，则可判定机械加工中产生的振动属于强迫振动，且干扰力源在机外环境中。如现场加工的主振频率成分与机外干扰力频率不一致，则需要进行空运转试验。

（4）进行空转试验、查找机内振源

机床按加工现场所用运动参数进行运转，但不对工件进行切削加工。采用相同的办法拾取振动信号，进行频谱分析，确定干扰力源的频率成分，并与现场加工的振动频率成分进行对比。除已查明的机外干扰力源的频率成分之外，如果两者完全相同，则可判定现场加工中产生的振动属于强迫振动，且干扰力源在机床内部。如果两者不完全相同，则可判断在现场加工的所有振动频率中，除去强迫振动的频率成分外，其余频率成分有可能是自激振动。

如果干扰力源在机床内部，还应查找其具体位置。可采用分别单独驱动机床各运动部件，进行空运转试验，直找振源的具体位置。但有些机床无法做到这一点，比如车床除可单独驱动电动机外，其余运动部件一般无法单独驱动。此时，则需要对所有可能产生振动的运动部件，根据运动参数（如传动系统中各轴的转速、齿轮齿数等）计算频率，并与机内振源的频率相对照，确定机内振源位置。

（二）再生颤振的控制

1.控制参数

再生颤振是指由切削厚度变化效应产生的动态切削力激起的，而切削厚度的变化则主要是由切削过程中被加工表面前、后转（次）切削振纹相位上不同步引起的，相位差φ的存在是引起再生颤振的根本原因，它的大小决定了机床加工系统的稳定状态。因此，可用相位差φ作为诊断再生颤振的诊断参数。

2.相位差φ的测量与计算

由于颤振信号通常是混频信号，且一般来说，遗留在工件表面上的振痕并不是刀具、工件间相对振动的简单再现，因而要想直接测量工件表面上前、后两转（次）切削振痕的相位差φ是不可能的。相位差φ可通过测量颤振频率f（Hz）及工件转速n（r/min）间接求得。

3.再生颤振的控制要领

如果机械加工过程中发生了强烈振动，可设法测得被切工件前、后两转（次）振纹的相位差φ。若相位差φ位于Ⅰ、Ⅱ象限内（即$0° < \varphi < 180°$），则可判定机械过程中有再生颤振产生；若相位差φ位于Ⅲ、Ⅳ象限内（即$180° < \varphi < 360°$），则可判定该振动不是再生颤振。

（三）振型耦合的控制

1.控制参数

对于多自由度振动系统，刀具的振动轨迹一般都不是直线，而是封闭的空间曲线；对于二自由度振动系统，其振动轨迹为椭圆形曲线。由振型耦合原理可知，振动系统的稳定性取决于椭圆型振动轨迹的转向和椭圆长轴的方位。当相位差φ位于Ⅰ、Ⅲ象限时，加工系统有振型耦合产生；当相位差φ位于Ⅱ、Ⅳ象限时，加工系统是稳定的。由此可知，z向振动相对于y向振动的相位差φ可作为诊断振型耦合的诊断参数。

2.振型耦合的控制要领

如果切削过程中发生了强烈颤振，可设法测得z向振动相对于y向振动在主振频率处的相位差φ。若相位差φ位于Ⅰ、Ⅲ象限，则可判断机械加工过程中有振型耦合产生；若相位差φ位Ⅱ、Ⅳ象限，则可判断机械加工过程中产生的振动不是振型耦合。

三、控制机械加工振动的途径

（一）消除或减弱产生振动的条件

1.消除或减弱产生强迫振动的条件

（1）消除或减小内部振源

机床上的高速回转零件必须满足动平衡要求；提高传动元件及传动装置的制造精度和装配精度，保证传动平稳；使动力源与机床本体分离。

（2）调整振源的频率

在选择转速时，使可能引起强迫振动的振源频率f远离机床加工系统薄弱环节的固有频率f_n，一般应满足：

$$\left|\frac{f_n - f}{f}\right| \geqslant 0.25$$

（4-20）

（3）采取隔振措施

隔振有两种方式：一种为主动隔振，是为了阻止机床振源通过地基外传；另一种是被动隔振，是阻止机外干扰力通过地基传给机床。常用的隔振材料有橡皮、金属弹簧、空气弹簧、矿渣棉、木屑等。

2.消除或减弱产生自激振动的条件

（1）调整振动系统小刚度主轴的位置

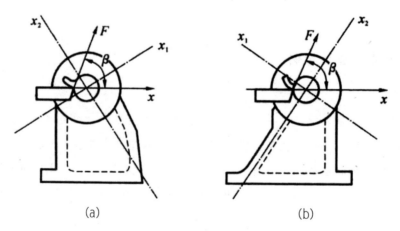

(a)　　　　　　　　　　(b)

图4-2　两种尾座结构

图4-2（a）所示尾座结构为小刚度主轴x_1刚好落在切削力F与x轴的夹角β范围内，容易产生振型耦合。图4-2（b）所示尾座结构较好，小刚度主轴x_1落在切削力F与x轴的

夹角β范围之外。除改进机床结构设计之外，合理安排刀具与工件的相对位置，也可调整刚度主轴的相对位置。

（2）减小重叠系数

再生颤振是由于在有波纹的表面上进行切削引起的，如果本转（次）切削不与前转（次）切削振痕相重叠，就不会有再生颤振发生。

重叠系数越小，就越不容易产生再生颤振。μ值大小取决于加工方式、刀具的几何形状及切削用量等。适当增大刀具的主偏角κ_r和进给量f，均可减小重叠系数μ。

（3）减小切削刚度

减小切削刚度可以减小切削力，可以降低切削厚度变化效应（再生效应）和振型耦合效应的作用。改善工件材料的可加工性、增大前角、主偏角和适当提高进给量等，均可使切削刚度下降。

（二）改善工艺系统的动态特性

1.提高工艺系统的刚度

提高工艺系统薄弱环节的刚度，可以有效地提高机床加工系统的稳定性。提高各结合面的接触刚度，对主轴支承施加预载荷，对刚性较差的工件增加辅助支承等都可以提高工艺系统的刚度。

2.增大工艺系统的阻尼

增大工艺系统中的阻尼，可通过多种方式实现。例如，使用高内阻材料制造零件，增加运动件的相对摩擦，在床身、立柱的封闭内腔中充填型砂，在主振方向安装阻振器等。

第五章 常用机械加工方法及装备

第一节 车削及其装备

车削加工是在由车床、车刀、车床夹具和工件共同构成的车削工艺系统中完成的。车床是完成车削加工必备的加工设备。根据不同的车削内容，须采用不同种类的车刀。为使零件方便地在车床上安装，常用到一些通用夹具及工具，如三爪卡盘、顶尖、花盘、弯板等，它们又往往被称为车床附件。当被加工工件形状不够规则，生产批量又较大时，生产中会采用专用车床夹具来完成工件安装同时达到高效、稳定质量的目的。

一、车削加工

常用车刀有外圆车刀、端面车刀、切断刀、内孔车刀、圆头刀、螺纹车刀等，车削加工是机械加工方法中应用最广泛的方法之一，主要用于回转体零件上回转面的加工，如各轴类、盘套类零件上的内外圆柱面、圆锥面、台阶面及各种成形回转面等。采用特殊的装置或技术后，利用车削还可以加工非圆零件表面，如凸轮、端面螺纹等；借助于标准或专用夹具，在车床上还可完成非回转零件上的回转表面的加工。

车削加工时，以主轴带动工件的旋转做主运动，以刀具的直线运动为进给运动。车削螺纹表面时，需要机床实现复合运动－螺旋运动。

车削加工是在由车床、车刀、车床夹具和工件共同构成的车削工艺系统中完成的。根据所用机床精度不同，所用刀具材料及其结构参数不同及所采用工艺参数不同，能达到的加工精度及表面粗糙度不同，因此，车削一般可以分为粗车、半精车、精车等。如在普通精度的卧式车床上，加工外圆柱表面，可达IT7～IT6级精度，表面粗糙度达Ra 1.6～0.8μm；在精密和高精密机床上，利用合适的工具及合理的工艺参数，还可完成对高精度零件（如计算机硬盘的盘基）的超精加工。

二、车床

车床是完成车削加工必备的加工设备，它为车削加工提供特定的位置（刀具、工件相对位置）、环境及所需运动及动力。由于大多数机械零件上都具有回转面，加之机床较广的通用性，所以，车床的应用极为广泛，在金属切削机床中占有比重最大，为机床总数的20%～35%。

立式车床的主轴处于垂直位置，在立式车床上，工件安装和调整均较为方便，机床精度保持性也好，因此，加工大直径零件比较适合采用立式车床。

转塔车床上多工位的转塔刀架上可以安装多把刀具，通过转塔转位可使不同刀具依次对零件进行不同内容的加工，因此，可在成批加工形状复杂的零件时获得较高的生产率。由于转塔车床上没有尾座和丝杠，故只能采用丝锥、板牙等刀具进行螺纹的加工。

卧式车床在通用车床中应用最普遍、工艺范围最广。但卧式车床自动化程度加工效率不高，加工质量亦受到操作者技术水平的影响较大。

卧式车床主要用于轴类零件和直径不太大的盘类零件的加工，故采用卧式布局。

（一）卧式车床结构及组成

1.床身是用于支承和连接车床上其他各部件并带有精确导轨的基础件。溜板箱和尾座可沿导轨移动。床身由床脚支承，并用地脚螺栓固定在地基上。

2.主轴箱是装有主轴部件及其变速机构和箱形部件，安装于床身左上端。速度变换靠调整变速手柄位置来实现。主轴端部可安装卡盘，用于装夹工件，亦可插入顶尖。

3.进给箱是装有进给变换机构的箱形部件，安装于床身的左下方前侧，箱内变速机构可帮助光杠、丝杠获得不同的运动速度。

4.溜板箱是装有操纵车床进给运动机构的箱形部件，安装在床身前侧拖板的下方，与拖板相连。它带动拖板、刀架完成纵横进给运动、螺旋运动。

5.刀架部件。刀架部件为一多层结构。刀架安装在拖板上，刀具安装在刀架上，拖板安装在床身的导轨上，可带刀架一起沿导轨纵向移动，刀架也可在拖板上横向移动。

6.尾座安装在床身的右端尾座导轨上，可沿导轨纵向移动调整位置。它用于支承工件和安装刀具。

（二）卧式车床的传动系统

卧式车床的通用性强，以CA6140型普通车床为代表的普通精度级卧式车床，可以用于加工轴类、盘套类零件，加工米制、英制、模数制、径节制等4种标准螺纹和精密、非标准螺纹，可进行钻、扩、铰孔加工。而要完成以上工作，机床须提供主轴旋转运动、刀架进给运动、螺旋运动，因此，机床的传动系统就需具备主运动传动链、车螺纹传动链和进给运动传动链。另外，为节省辅助时间和减轻工人劳动强度，还有一条快速空程运动传动链。CA6140型普通车床的传动系统如图5-1所示。

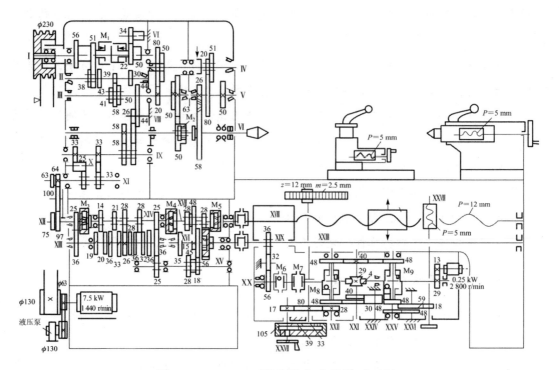

图5-1 CA6140型普通车床的传动系统

1.主运动传动链

CA6140型车床主运动传动链的首末端件分别为电动机和主轴。主电动机的运动经V带传至主轴箱的Ⅰ轴，Ⅰ轴上的双向摩擦片式离合器实现主轴的启动、停止和换向。离合器左移，主轴正转。Ⅰ轴的运动经离合器和Ⅱ轴上的滑移变速齿轮传至Ⅱ轴，再由Ⅲ轴上滑移变速齿轮传至Ⅲ轴后分两路传至主轴：一是主轴上滑移齿轮处左位时，Ⅲ轴上运动经由齿轮63/50直接传给主轴，使主轴获高转速（故又称高速传动分支）；二是齿轮处右位与联成一体时，运动经Ⅲ轴、Ⅳ轴、Ⅴ轴之间的背轮机构传给主轴，使主轴获得中、低速转速。

车床主轴反转通常不用于切削，而是用于车螺纹时，在不断开主轴和刀架间传动链的情况下，切完一刀后迅速（反转转速高于正转）使车刀沿螺纹线退至起始位置，节省辅助时间。

2.车螺纹传动链

车螺纹传动链是首末端件分别为主轴和刀架，该传动链为内联系传动链，因此，主轴转动与刀具纵向移动必须保持严格的运动关系，即主轴转一转，刀具移动一个螺纹导程。

CA6140型车床的车螺纹传动链中包含了换向机构（保证左右螺纹加工）、挂轮机构（含螺纹挂轮、蜗杆挂轮及其他）、移换机构（保证公制螺纹及蜗杆和英制螺纹及蜗杆的加工）、基本螺距机构（获得等差排列的传动比）、倍增机构（扩大螺纹加工范围）及丝杠螺母机构（转换运动方式）等各个机构。

3.进给运动传动链

进给运动传动链的首末端件亦分别为主轴和刀架，但与车螺纹传动链不同，它为一条外联系传动链。由主轴至进给箱ⅩⅦ轴的传动路线与车螺纹相同，其后运动经齿轮副28/56及联轴器传至光杠（ⅩⅧ轴），再由光杠经溜板箱中的传动机构，分别传至齿轮条机构（纵进给和丝杠螺母机构（横进给），使刀架做纵向或横向机动进给。

溜板箱中由双向牙嵌离合器M8、M9和数对齿轮副组成。两个换向机构分别用于变换纵向和横向进给运动的方向。进给运动传动链可使车床获得纵向和横向进给量各64种。纵向进给量变换范围为0.028 ~ 6.33mm/r，横向进给量变换范围为0.014 ~ 3.165mm/r。

4.快速空程运动传动链

刀架的快速移动由装于溜板箱内的快速电动机（0.25kW，2 800r/min）带动。快速电动机的运动经齿轮副传至ⅩⅩ轴，再经溜板箱与进给运动相同的传动路线传至刀架，使刀架快速纵移或横移。

当快速电动机带动ⅩⅩ轴快速旋转时，为避免与进给箱传来的慢速进给运动干涉，在ⅩⅩ轴上装有单向超越离合器M6，可保证ⅩⅩ轴的工作安全。

（三）卧式车床的主要构件

1.主轴箱

主轴箱主要由主轴部件、传动机构、开停与制动装置、操纵机构等组成。

（1）卸荷式皮带轮

主电动机通过V带使Ⅰ轴转动，为提高Ⅰ轴的旋转平衡性，Φ230mm皮带轮采用了卸荷结构。皮带轮1通过螺钉和定位销与花键套筒2连接并支承在法兰3内的两个向心球轴承上，法兰3用螺钉固定在箱体上。当皮带轮1通过花键套2的内花键带动Ⅰ轴旋转时，皮带所产生的拉力经法兰3直接传给箱体4，使Ⅰ轴不受皮带接力而不受弯曲变形，提高了传动平稳性。卸荷式皮带轮特别适合用于要求传动平稳性高的精密机床的主轴。

（2）主轴部件

CA6140型卧式车床的主轴为空心阶梯结构，主轴的内孔（Φ48mm）可穿过（Φ40mm以下的）棒料和拆卸顶尖，也可用于通过气动、电动或液压夹紧装置的机构。主轴前端为莫氏6号锥孔，也安装顶尖或心轴。主轴轴端为短锥法兰型结构，用于安装卡盘或夹具。主轴后端的锥孔为工艺孔。

主轴采用前后双支承、后端定位的结构。

（3）主轴开、停及制动操纵机构

Ⅰ轴上装有双向片式摩擦离合器M1，用于实现主轴的启动、停止及换向。机床工作

中，主轴装、卸工件，测量工件，开、停比较频繁。机床停车时，为使主轴克服惯性迅速停转，在主轴箱Ⅳ轴上装有一闸带制动器，当齿条轴的凸起部分移至将杠杆下端顶起时，杠杆逆时针摆动，使制动带包紧制动轮，主轴可在较短时间内停转。制动器和离合器M1是配合工作的，用一套操纵机构实现联动。当左、右离合器中任一个接合时，杠杆与齿条轴左或右侧的凹槽接触，制动器处于松弛状态，而离合器左、右都脱开处于中位，齿条亦处于中位时，其凸起部分顶起杠杆，制动器工作，主轴迅速停转。

（4）六速操纵机构

主轴箱中Ⅱ轴上的双联滑移齿轮和Ⅲ轴上的三联滑移齿轮是由一个操纵机构同时操纵的。它以凸轮槽盘（两种直径）控制双联滑移齿轮的移动，用曲柄转动中获得的不同轴向位置（左、中、右三位）控制三联滑移齿轮，手柄转一圈时，曲柄和凸轮槽盘面配合含有六种组合，使Ⅲ轴获得六种不同转速。

（5）主轴箱中各传动件的润滑。为保证机床正常工作和减少零件磨损，CA6140车床采用油泵供油循环润滑的方式对主轴箱中的轴承、齿轮、离合器等进行润滑。润滑系统中分油器上的油管泵提供的经过滤的油供给发热较大的离合器和轴承，而分油管上所开的许多径向孔则将压力油由高速旋转的齿轮溅至各处，润滑其他传动件及机构。从润滑面流回的油集中在主轴箱底部，经油管流回油池。

2.进给箱

CA6140型车床的进给箱中安装有基本变速组等各变速组及其控制操纵机构。

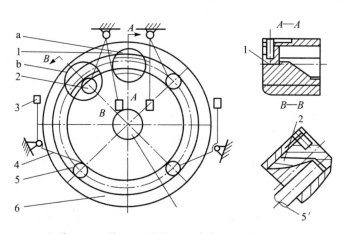

1-压块；2-压块；3-拨块；4-杠杆；5-销；6-手轮

图5-2 基本变速组操纵机构工作原理

基本变速组的操纵机构工作原理如图5-2所示。手轮6的背面有环形槽，环形槽中有两个相隔45°的孔，孔中分别安装带斜面的压块1、2，压块1斜面向外（见A—A）压块2斜面向内（见B—B），环形槽中有4个销子5分别控制4个滑移齿轮，销子5转至孔中时，通过杠杆4、拨块3控制滑移齿轮处于左或右位（工作位置），同一时间内只有一对齿轮啮合，手轮在圆周方向有8个均匀分布的位置，获得8个不同传动比。

3.溜板箱

溜板箱内主要有纵横机动进给操纵机构、开合螺母机构及过载保护机构等。

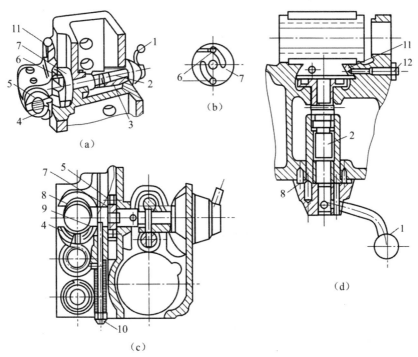

1-手轮；2-轴；3-轴承套；4-下半螺母；5-上半螺母；6-圆柱销；
7-圆盘；8-定位钢球；9-销钉；10、12-螺钉；11-平镶条

图5-3　开合螺母机构

（1）开合螺母机构

开合螺母机构（图5-3）用来接通或断开丝杠传动。开合螺母由上、下两个半螺母5、4组成，它们装于溜板箱后壁的燕尾导轨上，由插在操纵手柄左端圆盘7两条曲线槽中的圆柱销6带动上下移动，扳动手柄使圆盘转动，圆柱销6同时向螺母合拢或分开（脱离啮合）。

溜板箱中设有为防止进给中力过大而使进给受损的过载保护装置，可使刀架在过载时停止进给。CA6140车床所用的过载保护装置为安全离合器，其工作原理如图5-4所示。它由两个带波形齿的部分组成，在弹簧压力下两半部在克服工作中产生的轴向分力后啮合，超载时，轴向分力超过弹簧压力而将两半离合器分开，传动链断开。过载消失后，弹簧力又促使离合器恢复至啮合状态。

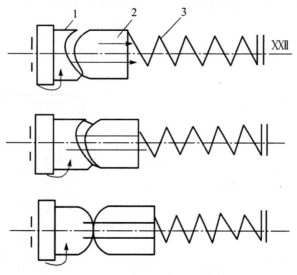

1-左端面齿；2-右端面齿；3-弹簧

图5-4 安全离合器的工作原理

（2）纵、横向机动进给操纵机构

CA6140型车床利用一个手柄集中操纵纵、横向机动进给运动的接通、断开和换向，手柄扳动方向与刀架移动方向一致。

（3）互锁机构

为使机床安全工作，丝杠运动不能同时接通，溜板箱中设置了互锁机构。

三、车刀

（一）车刀种类及应用

根据不同的车削内容，须采用不同种类的车刀。常用车刀有外圆车刀、端面车刀、切断刀、内孔车刀、圆头刀、螺纹车刀等。如90°偏刀可用于加工工件的外圆、台阶面和端面；45°弯头刀用来加工工件的外圆、端面和倒角；切断刀可用于切断或切槽；圆头刀（R刀）则可用于加工工件上成形面；内孔车刀可车削工件内孔；螺纹车刀则用于车削螺纹。

按刀片与刀体的连接结构，车刀有整体式、焊接式及机夹式之分。

1.整体式高速钢车刀

在整体高速钢的一端刃磨出所需的切削部分形状即可。这种车刀刃磨方便，磨损后可多次重磨，较适宜制作各种成形车刀（如切槽刀、螺纹车刀等）。刀杆亦同样是高速钢，会造成刀具材料的浪费。

2.硬质合金焊接车刀

将一定形状的硬质合金刀片焊于刀杆的刀槽内即成。其结构简单，制造、刃磨方便，可充分利用刀片材料；但其切削性能要受到工人刃磨水平及刀片焊接质量的限制，刀杆亦不能重复使用。故一般用于中小批量的生产和修配生产。

3.机械夹固式车刀

采用机械方法将一定形状的刀片安装于刀杆中的刀槽内即可，机械夹固式车刀又分重磨式和不重磨式（可转位）之分。其中机夹重磨式车刀通过刀片刃磨安装于倾斜的刀槽形成刀具所需角度，刃口钝化后可重磨。这种车刀可避免由焊接引起的缺陷，刀杆也能反复使用，几何参数的设计、选用均比较灵活。可用于加工外圆、端面、内孔，特别是车槽刀、螺纹车刀及刨刀应用较广。

机夹不重磨式车刀经使用钝化后，不需要重磨，只需要将刀片转过一个位置，可使新的刀刃投入切削，几个刀刃全部钝化后，更换新的刀片。刀片参数稳定、一致性好，刀片切削性能稳定，同时省去了刀具刃磨的时间，生产率高，故很适合大批量生产和数控车床使用。

（1）可转位车刀刀片的形状

机夹刀转位车刀的刀片大致可分为带圆孔、带沉孔以及无孔三大类，常见的形状有T形、F形、W形、S形、P形、D形、R形和C形等多种。

（2）可转位车刀刀片的夹固方式

机夹可转位车刀由刀杆、刀片、刀垫及夹紧元件几部分组成。刀片在刀杆上刀槽内的夹紧方式一般有偏心式、杠杆式、楔销式及上压式四种。

（二）车刀的选择

车刀选择包括车刀种类、刀片材料及几何参数、刀杆及刀槽的选择等几方面。

车刀种类主要根据被加工工件形状、加工性质、生产批量大小及所使用机床类型等条件进行选择。刀片材料应根据被加工工件的材料、加工要求等条件选择与之适应的材料。其几何参数也应与加工条件以及选好的刀片材料相适应。

刀片的长度一般为切削宽度的1.6～2倍，切槽刀刃宽不应大于工件槽宽。刀槽的形式则根据车刀形式和选好的刀片形式来选择。车刀刀杆有方形和矩形，一般选择矩形刀杆，孔加工刀具则可选择圆形刀杆。

（三）成形车刀

成形车刀是用刀刃形状直接加工出回转体、成形表面的专用刀具。刀刃刃形及其质量决定工件廓形，采用成形车刀加工工件不受操作者水平限制，可获稳定的质量，其加工精度一般可达 IT10 ~ IT9，表面粗糙度达 $Ra\ 3.2 \sim 0.63\mu$m。

1.成形车刀的种类及应用

成形车刀按形状结构的不同有平体、棱体和圆体成形车刀三种；按进给方式的各异又有径向、切向、轴向成形车刀之分（生产中径向成形车刀应用最多）。

平体成形车刀形状结构简单，易制造，但可重磨次数少，一般用于加工批量不大的外成形表面。棱体成形车刀可重磨次数多，刀具寿命长，且成形精度较高，但亦只能加工外成形表面。圆体成形车可重磨次数多，刀具易制造，并可加工内成形表面，生产中应用较多。

2.成形车刀的角度形成

与普通车刀一样，成形车刀也必须具备合理的前角和后角才能正常地投入切削。为方便测量，成形车刀的前、后角规定在假定工作平面内（切深平面）度量。成形车刀的刃形面位于刀具后面，故刀具用钝后只能重磨前面，刀具制造（含重磨）时，将成形车刀磨成一定的角度（前、后角之和），工作时，依靠刀具安装（棱体刀倾斜后角，圆体刀中心高于工件中心 $H = R\sin \alpha_f$）获得合理的前、后角。

3.成形车刀的截形设计要点

成形车刀通过其前面内的刃形促成工件形状的获得，在前面（成形面）内，刀具截形与工件处于共轭状态，截形深度与宽度均相等。由于成形车刀须具备一定的切削前角和后角，致使刀具截形不同于工件截形，截形宽度都相等，但截形深度都不同。因此，在设计成形车刀的截形时，应根据工件各处截形深度，刀具所取前、后角数值计算出刀具对应点的截形深度，再由截形宽度相等性得到刀具截形。具体计算方法可参照相关刀具设计手册及资料进行。

四、车床附件及夹具

为使零件方便地在车床上安装，常用到一些通用夹具及工具，如三爪卡盘、顶尖、花盘、弯板等，它们又往往被称为车床附件。当被加工工件形状不够规则，生产批量又较大时，生产中会采用专用车床夹具来完成工件安装的同时，达到高效、稳定质量的目的。

（一）车床常用附件

1.三爪卡盘

三爪卡盘是一种自动定心的通用夹具，装夹工件方便（卡爪还可反向安装），在车床上最为常用。但它定心精度不高，夹紧力较小，一般用于截形为圆形、三角形、六方形的轴类的盘类中小型零件的装夹。

2.四爪卡盘

卡盘的四爪位置通过四个螺钉分别调整（单动），因此，它不能自动定心，须与划针盘、百分表配合进行工件中心的找正。经找正后的工件安装精度高，夹紧可靠。一般用于方形、长方形、椭圆形及各种不规则零件的安装。

3.顶尖

用于顶夹工件，工件的旋转由安装于主轴上的拨盘带动。顶尖有死顶尖和活顶尖之分，用顶尖顶夹工件时，应在工件两端用中心钻加工出中心孔。工件可对顶安装，可获较高同轴度；工件亦可一夹一顶安装，此时夹紧力较大，但精度不高。

4.中心架与跟刀架

加工细长轴时，为提高工件刚性和加工精度，常采用中心架和跟刀架。中心架用压板及螺栓紧固在床身导轨上；跟刀架则紧固在刀架滑板上，与刀架一起移动。

5.花盘与弯板

花盘是安装于主轴的一个端面有许多用来穿压紧螺栓长槽的圆盘，用来安装无法使用三爪和四爪卡盘装夹的形状不规则的工件。工件可直接装于花盘，也可借助于弯板的配合安装。工件的位置须经找正。花盘上安装工件的另一边须加平衡铁平衡，以免转动时产生振动。

（二）车床夹具

车床夹具按其结构特征，一般有心轴式、卡盘式、圆盘式、花盘式和角铁式等。

1.心轴式车床夹具

心轴式车床夹具以孔作主要定位基准，用于形状复杂或同轴要求较高的零件。夹具定位可设计成圆柱面、圆锥面、可胀圆柱面及花键、螺纹等特型面，与机床主轴的连接方式可有顶尖式和锥柄式两种。这类夹具结构简单，易制造。

2.卡盘式车床夹具

卡盘式车床夹具宜用于以规则或不规则外圆表面作主要基准的各种管接头、三通、四通和小型壳体类零件。夹具的主要部分采用标准化、系列化的两爪或三爪自动定心夹紧卡盘。

3.圆盘式车床夹具

圆盘式车床夹具适用于各种定位基准与加工表面间往往有同轴度、垂直度要求的盘、套类及齿轮类等外形对称的工件。这类夹具对机床主轴轴线往往对称平衡。

4.花盘式车床夹具

花盘式车床夹具宜用于定位基准与工件加工表面间往往有同轴度、平行度、垂直度要求的非对称旋转体零件。这类夹具既可单工位加工，也可多工位加工，结构一般不对称，须进行平衡。

5.角铁式车床夹具

角铁式车床夹具宜用于加工表面与定位基准平行或成任意角度的零件。这类夹具体成角铁形,夹具须平衡。

车床夹具在车床主轴上的安装方式一般有两种:一种是用与主轴锥孔相配的锥柄安装于主轴孔,并用拉杆拉紧;另一种是通过过渡盘(法兰盘)在主轴上安装,此时,夹具须经找正(用定位塞或找正环)。

由于车床夹具跟随机床主轴高速旋转,因此,平衡和安全是夹具设计中两个应注意的主要问题。用车床夹具安装工件,必须保证工件被加工表面与机床主轴同轴,因此,与此相关的各位置精度要求均在夹具设计时相应提出。

五、精车与镜面车

精车是指直接用车削方法获得IT7 ~ IT6级公差,Ra 为 1.6 ~ 0.04μm 的外圆加工方法。生产中采用精车的主要原因有三个方面:一是有色金属、非金属等较软材料不宜采用砂轮磨削(易堵塞砂轮);二是某些特殊零件(如精密滑动轴承的轴瓦等),为防止磨粒等嵌入较软的工件表面而影响零件使用,不允许采用磨削加工;三是当生产现场未配备磨床,无法进行磨削时,采用精车获得零件所需的高精度和小的表面粗糙度。

镜面车是用车削方法获得工件尺寸公差 ≤1μm 数量级、Ra ≤0.04μm 的外圆加工方法。

生产中采用精车、镜面车获得高质量工件,须注意两个关键问题:一是有精密的车床提供刀具、工件间精密位置关系及高精度运动;二是有优质刀具材料及良好刃具(一般为金刚石刀具),使其具备锋利刃口($r_\varepsilon = 1.6 ~ 4$μm),均匀去除工件表面极薄层余量。除此之外,还应有良好、稳定及净化的加工环境,工艺条件亦应具备,如精车前,工件表面需经半精车,精度达IT8级,Ra ≤3.2μm;而镜面车前,工件须经精车,表面不允许有缺陷,加工中采用酒精喷雾进行强制冷却。

第二节 铣削及其装备

铣床的主要类型有:卧式升降台铣床、立式升降台铣床、龙门铣床、工具铣床、圆台铣床、仿形铣床和各种专门化铣床。按不同的用途,铣刀可分为圆柱铣刀、盘形铣刀、锯片铣刀、立铣刀、键槽铣刀、模具铣刀、角度铣刀和成形铣刀等。铣刀按结构不同,有整体式、焊接式、装配式和可转位式等。在铣床上加工工件时,工件的安装方式主要有三种：一是直接将工件用螺栓、压板安装于铣床工作台，并用百分表、划针等工具找正。大型工件常采用此安装方式。二是采用平口钳、V形架、分度头等通用夹具安装工件。形状简单的中、小型工件可用平口虎钳装夹；加工轴类工件上有对中性要求的加工表面时，采用V形架装夹工件；对需要分度的工件，可用分度头装夹。三是用专用夹具装夹工件。因此，铣床附件除常用的螺栓、压板等基本工具外，主要有平口钳、万能分度头、回转工作台、立铣头等。铣削加工可以对工件进行粗加工和半精加工，加工精度可达IT7～IT9级，精铣表面粗糙度达 Ra 3.2～1.6μm。

一、铣削加工

铣削加工是在铣床上用旋转的铣刀对各种平面的加工。铣削加工在机械零件切削和工具生产中占相当大比重，仅次于车削。

铣削加工的适应范围很广，可以加工各种零件的平面、台阶面、沟槽、成形表面、螺旋表面等。

铣削加工中，铣刀的旋转为主运动，由机床主电动机提供 n（r/min）。铣削速度 v_c 为铣刀旋转的线速度（$v_c = \pi dn / 1\,000$，m/min）；铣刀或工件沿坐标轴方向的直线运动或回转运动为进给运动，刀具切入工件的深度有背吃刀量 a_{sp}（在工作平面方向上的吃刀量，mm）和侧吃刀量 a_{se}（垂直于铣刀轴线测量的切削层尺寸，mm）之分。铣刀进给量也有每转进给量 f、每齿进给量 f_z 和进给速度 V_f，其关系如下：

$$V_f = fn = f_z nz \text{（铣刀刀齿数）} \tag{5-1}$$

它们在切削加工中分别有不同用途。

由于铣刀为多刃刀具，故铣削加工生产率高；铣削中每个铣刀刀齿逐渐切入切出，形成断续切削，加工中会因此而产生冲击和振动；每个刀齿一圈中只切削一次，一方面刀齿散热较好，而另一方面（主要是高速铣削时）刀齿还受周期性的温度变化；冲击、振动、热应力均会对刀具耐用度及工件表面质量产生影响。

铣削加工可以对工件进行粗加工和半精加工，加工精度可达IT9～IT7级，精铣表面粗糙度达 Ra 3.2～1.6μm。

二、铣床

（一）铣床的种类

铣床的类型很多，主要以布局形式和适用范围加以区分。铣床的主要类型有卧式升降台铣床、立式升降台铣床、龙门铣床、工具铣床、圆台铣床、仿形铣床和各种专门化铣床。

1. 卧式铣床

卧式铣床的主轴是水平安装的。卧式升降台铣床、万能升降台铣床和万能回转头铣床都属于卧式铣床。卧式升降台铣床主要用于铣平面、沟槽和多齿零件等。万能升降台铣床由于比卧式升降台铣床多一个在水平面内可调整±45°范围内角度的转盘，因此，它除完成与卧式升降台铣床同样的工作外，还可以让工作台斜向进给加工螺旋槽。万能回旋头铣床除具备一个水平主轴外，还有一个可在一定空间内进行任意调整的主轴，其工作台和升降台分别可在三个方向运动，而且还可以在两个互相垂直的平面内回转，故有更广泛的工艺范围，但机床结构复杂，刚性较差。

2. 立式铣床

立式铣床的主轴是垂直安装的。立铣头取代了卧铣的主轴悬梁、刀杆及其支承部分，且可在垂直面内调整角度。立式铣床适用于单件及成批生产中的平面、沟槽、台阶等表面的加工；还可加工斜面；若与分度头、圆形工作台等配合，还可加工齿轮、凸轮及铰刀、钻头等的螺旋面，在模具加工中，立式铣床最适合加工模具型腔和凸模成形表面。

3. 龙门铣床

龙门铣床是一种大型高效能的铣床。它是龙门式结构布局，具有较高的刚度及抗振性。在龙门铣床的横梁及立柱上均安装有铣削头，每个铣削头都是一个独立部件，其中包括单独的驱动电动机、变速机构、传动机构、操纵机构及主轴部件等。在龙门铣床上可利用多把铣刀同时加工几个表面，生产率很高。所以，龙门铣床广泛应用于成批、大量生产大中型工件的平面、沟槽加工。

4. 万能工具铣床

万能工具铣床常配备有可倾斜工作台、回转工作台、平口钳、分度头、立铣头、插削头等附件，所以，万能工具铣床除能完成卧式与立式铣床的加工内容外，还有更多的万能性，故适用于工具、刀具及各种模具加工，也可用于仪器、仪表等行业加工形状复杂的零件。

5. 圆台铣床

圆台铣床的圆工作台可装夹多个工件做连续的旋转，使工件的切削时间与装卸等辅助时间重合，获得较高的生产率。圆台铣床又可分为单轴和双轴两种型式。它的两个主轴可分别安装粗铣和半精铣的端铣刀，同时进行粗铣和半精铣，使生产率更高。圆台铣床适用于加工成批大量生产中小零件的平面。

（二）万能升降台铣床的组成与布局

万能升降台卧式铣床应用非常广泛，以XA6132型万能升降台铣床为代表，该机床结构合理，刚性好，变速范围大，操作比较方便。机床的床身安放在底座上，床身内装有主传动系统和孔盘变速操纵机构，可方便地选择18种不同转速；床身顶部有燕尾形导轨，供横梁调整滑动；机床空心主轴的前端带有7∶24锥孔，装有两个端面键，用于安装刀杆并传递扭矩；机床升降台安装于床身前面的垂直导轨上，用于支承床鞍、工作台和回转盘，并带动它们一起上下移动；升降台内装有进给电动机和进给变速机构；机床的床鞍可做横向移动，回转盘处于床鞍和工作台之间，它可使工作台在水平面上回转一定角度；带有T形槽的工作台用于安装工件和夹具并可做纵向移动。

（三）万能升降台铣床的传动系统

XA6132型铣床传动系统有主运动传动链、进给运动传动链和快速空程传动链。由于其主运动、进给运动分别采用不同的电动机带动，因此，与车床相比，它的传动系统简单而结构紧凑，它多采用滑移齿轮变速机构达到变速目的，采用丝杠螺母机构改变运动方向。

1.主运动传动链

主运动传动链首末件分别为主电动机和主轴。主电动机将运动经弹性联轴器传至Ⅰ轴，再经Ⅰ—Ⅱ轴间的一对齿轮26/54及Ⅱ—Ⅲ轴、Ⅲ—Ⅳ轴、Ⅳ—Ⅴ轴间的三个滑移动齿轮变速机构，使主轴获得18种不同转速的旋转运动。

2.进给运动传动链

进给运动传动链的首末件分别为进给电动机和工作台。进给电动机将运动分别由两条路线传至X轴，以达到变速目的（九段一般转速和九段低转速）；X轴的运动又经28/35齿轮副、Z18齿轮传至Ⅶ轴Z33齿轮后分别传至纵、横、垂直进给丝杆，实现三个方向的进给。

3.快速空程运动传动链

接通传动系统中电磁离合器M4并脱开M3，进给电动机的运动便经齿轮副26/44—44/57—57/43和M4传至X轴，再与进给运动相同的传动路线使工作台三个进给运动方向均有快速移动。

（四）万能升降台铣床的主要构件

1.主轴部件

铣床主轴用于安装铣刀并带动其旋转，考虑到铣削力的周期变化易引起机床振动，主轴采用三支承结构以提高刚性；在靠近主轴前端安装的Z71齿轮上连接有一大直径飞轮，以增加主轴旋转平稳性及提高抗振性。主轴为空心轴，前端有7∶24精密锥孔，用于安装铣刀刀杆或带尾柄的铣刀，并可通过拉杆将铣刀或刀杆拉紧；前端的两个端面键块7嵌入铣刀柄部（或刀杆）以传递扭矩。

2.顺铣机构

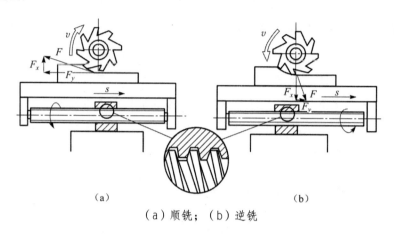

（a）顺铣；（b）逆铣

图5-5　顺铣与逆铣

在铣床上加工工件，常会采用逆铣和顺铣两种方式。逆铣时，主运动v_c的方向与进给运动方向相反，如图5-5（a）所示。当工作台向右进给时，因铣刀作用于工件上的水平切削分力F_f与进给方向相反，左侧始终与螺母螺纹右侧接触，故切削过程稳定。顺铣时，主运动v_c进给运动方向f方向相同，如图5-5（b）所示。当工作台向右进给时，铣刀作用于工件上的水平切削分力F_f与进给方向相同，使丝杆螺纹右侧与螺母螺纹左侧仍有间隙，F_f通过工作台带动丝杆向右窜动，加工中F_f是变化的，切削过程很不稳定，甚至出现打刀现象。加工中若采用顺铣方式，机床中就应设顺铣机构。

三、铣刀

铣刀的种类很多，它们的工作内容有所不同，结构形状各异，刀齿数目不等，刀齿齿背形状也有区别。

（一）按不同用途分类

按不同的用途，铣刀可分为圆柱铣刀、盘形铣刀、锯片铣刀、立铣刀、键槽铣刀、模具铣刀、角度铣刀、成形铣刀等。

1.圆柱铣刀

圆柱铣刀一般只有周刃，常用高速钢整体制造，也可镶焊硬质合金刀片。圆柱铣刀用于卧式铣床上以周铣方式加工较窄的平面。

2.端面铣刀

端面铣刀既有周刃又有端刃，刀齿多采用硬质合金焊接于刀体或机夹于刀体。端面刀体一般用于立铣上加工中等宽度的平面。用端面铣刀加工平面，工艺系统刚度好，生产效率高，加工质量较稳定。

3. 盘形铣刀

盘形铣刀又有单面刃、双面刃、三面刃和错齿三面刃铣刀之分。

只在圆周有刃的盘铣刀为槽铣刀，一般在卧铣上加工浅槽。切槽时，两侧摩擦力大，为减少摩擦，一般做出一定的副偏角。薄片的槽铣刀称为锯片铣刀，用于切削窄槽或切断工件。两面刃盘铣刀可用于加工台阶面，也可配对形成三面刃刀具。

三面刃盘铣刀因两侧面有副切削刃，从而改善了切削中两侧面的条件，使表面粗糙度降低。生产中主要在卧铣上加工沟槽和台阶面。圆周上的刀刃可以是直齿亦可以是斜齿，斜齿使刀刃锋利，切削平稳，易排屑，但要产生轴向力。为平衡之，可将刀齿设计成错齿状，即刀齿交错向左、右倾斜螺旋角。

4. 立铣刀

立铣刀的周刃为主刃，端刃为副刃，故立铣刀不宜轴向进刀。立铣刀主要在立式铣床上用于加工台阶、沟槽、平面或相互垂直的平面，也可利用靠模加工成形表面。

5. 键槽铣刀

键槽铣刀形似立铣刀，只是它只有两个刀刃，且端刃强度高，为主刃，周刃为副刃。键槽铣刀有直柄（小直径）和锥柄（较大直径）两种，用于加工圆头封闭键槽。

6. 角度铣刀

角度铣刀有单角铣刀和双角铣刀之分，用于加工沟槽和斜面。

7. 模具铣刀

模具铣刀由立铣刀演变而成，其工作部分形状常有圆锥形平头、圆柱形球头、圆锥形球头三种，用于加工模具型腔或凸模成形表面，还可进行光整加工等。该铣刀可装在风动或电动工具上使用，生产效率和耐用度比砂轮和锉刀提高数十倍。

8. 成形铣刀

成形铣刀是根据工件形状而设计刀刃形状的专用成形刀具，用于加工成形表面。

（二）按刀具结构分类

铣刀按结构不同，有整体式、焊接式、装配式和可转位式等。

1. 整体式铣刀

以高速钢整体制造。切削能力差于采用硬质合金刃的铣刀。

2. 焊接式铣刀

焊接式铣刀又有整体和机夹焊接式两种。前者结构紧凑易制造，但刀齿磨损后导致整把刀的报废；后者将刀片焊于小刀头上（如面铣刀），再将刀头安装于刀体，刀具使用寿命长。

3.装配式铣刀

刀片安装于刀体，如镶齿盘铣刀，刀片背部的齿纹与刀体齿槽内齿纹相配，完成安装。刀齿磨损后会带来刀具宽度的减小，为此，刀体各齿槽内的齿纹在轴向并不对齐，相邻齿槽内齿纹轴向位置错移一个 t/z 量（t 为齿纹的齿矩，z 为齿槽数），铣刀重磨后宽度减少时，可将刀齿顺次移入相邻齿槽内，调整，刀具宽度增加了 t/z，再通过刃磨使刀具恢复原来的宽度。对错齿三面刃也可用同样原理设计齿槽，达到使刀具宽度可调的目的。

4.可转位式铣刀

铣刀刀片采用机夹式安装于刀体，切削刃用钝后，将刀片转位或更换即可继续使用。

（三）按刀齿数目分类

按刀齿数目的不等，铣刀一般有粗齿和细齿铣刀之分。

1.粗齿铣刀

刀齿数目少，刀齿强度高，容屑空间大，可重磨次数多，一般适用于粗加工。

2.细齿铣刀

刀齿数较多，故工作平稳，主要适用于精加工。

（四）按刀齿齿背形式分类

铣刀按刀齿齿背形式的不同有尖齿铣刀、铲齿铣刀之分。

1.尖齿铣刀

尖齿铣刀的齿背有直线齿背、折线齿背及抛物线型齿背三种形式。直线齿背的齿形简单，易制造（用角度铣刀开槽即成），但刀齿强度较弱；抛物线型齿背符合刀齿在切削中的受力规律（刀齿内应力分布为抛物线），所以刀齿强度高，但制造麻烦（须用成形铣刀开槽）；折线型齿背界于前两者之间。生产中大多铣刀为尖齿铣刀。

2.铲齿铣刀

铲齿铣刀的齿背为阿基米德螺线，它经铲削加工（铣刀每转过一个刀齿，铲刀径向移过一个铲背量）而成。其优点是，在获得切削所需后角的同时，刀具磨钝后重磨前面可保持刃形不变。因此，生产中大部分成形铣刀都采用铲齿齿背形式。

四、铣床附件及夹具

在铣床上加工工件时，工件的安装方式主要有三种：一是直接将工件用螺栓、压板安装于铣床工作台，并用百分表、划针等工具找正。大型工件常采用此安装方式。二是采用平口钳、V形架、分度头等通用夹具安装工件。形状简单的中、小型工件可用平口虎钳装夹；加工轴类工件上有对中性要求的加工表面时，采用V形架装夹工件；对需要分度的工件，可用分度头装夹。三是用专用夹具装夹工件。因此，铣床附件除常用的螺栓、压板等基本工具外，主要有平口钳、万能分度头、回转工作台和立铣头等。

（一）铣床常用附件

1.平口钳

平口钳的钳口本身精度及其与底座底面的位置精度较高，底座下面的定向键方便于平口钳在工作台上的定位，故结构简单，夹紧可靠。平口钳有固定式和回转式两种，回转式平口钳的钳身可绕底座心轴回转360°。

2.回转工作台

回转工作台除了能带动安装其上的工件旋转外，还可完成分度工作。如利用它加工工件上圆弧形周边、圆弧形槽、多边形工件以及有分度要求的槽或孔等。

3.立铣头

立铣头可装于卧式铣床，并能在垂直平面内顺时针或逆时针回转90°，起到立铣作用而扩大铣床工艺范围。

4.万能分度头

分度头通过底座安装于铣床工作台，回转体支承于底座并可回转−6°～+95°，主轴的前端可装顶尖或卡盘以便于装夹工件，摇动手柄可通过分度头内传动带动主轴旋转，脱开内部的蜗杆机构，也可直接转动主轴，转过的角度由刻度盘读出，分度盘为一个有许多均布同心圆孔的圆盘，插销可帮助确定选好的孔圈，分度叉则可方便地调整所需角度。

利用安装于铣床的分度头，可进行以下三方面工作：

（1）用分度头上的卡盘装夹工件，使工件轴线倾斜一所需角度，加工有一定倾斜角度的平面或沟槽（如铣削直齿圆锥齿轮的齿形）。

（2）与工作台纵向进给相配合，通过挂轮使工件连续转动，铣削螺旋沟槽、螺旋齿轮等。

（3）使工件自身轴线回转一定角度，以完成等分或不等分的圆周分度工作，如铣削方头、六角头、齿轮、链轮以及不等分的绞刀等。

（二）铣床夹具

铣床夹具都是安装在铣床工作台上，随工作台做进给运动。为保证夹具在工作台上的正确安装，铣床夹具上一般设有安装元件——定向键，成对的定向键嵌于铣床工作台的T形槽内，使夹具定位于铣床工作台。铣削属于生产中效率较高的一种加工方法，为保持加工中的高效率，夹具上还设有对刀元件——对刀块，以便能迅速地调整好刀具相对于工件的位置。除此而外，夹具还可采用联动夹紧和多件夹紧方式，提高生产率。由于铣削为断续切削，又多用于粗加工及半精加工，故加工中有较大的冲击和振动，铣床夹具应有足够的刚度、强度，并且夹紧可靠。

铣床夹具通常按进给方式的不同，分为直线进给、圆周进给及靠模铣床夹具三种类型，其中直线进给最为常见。

1.直线进给铣床夹具

直线进给铣床夹具既有单工位，亦有多工位（中小零件的大批量加工时）形式。

2.圆周进给铣床夹具

圆周进给铣床夹具一般与回转工作台一起使用。夹具装在转盘上，随转盘带动工件圆周进给，既可用于加工单个工件的回转面，也可用于大批量生产。

3.靠模铣床夹具

靠模铣床夹具除具备一般铣床夹具元件的同时，还带有靠模。靠模的作用是使工件获得辅助运动。因此，该类夹具用于在专用或通用铣床加工各种非圆曲面、直线曲面或立体、成形面。按送进方式，靠模铣床夹具可分为直线进给靠模铣床和圆周进给靠模铣床夹具两种。

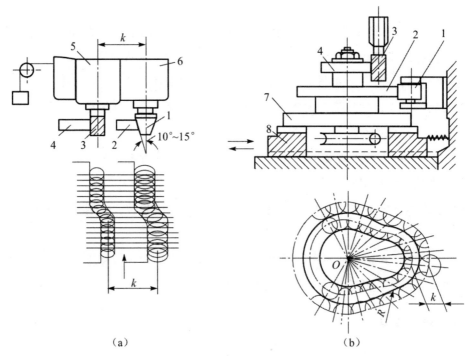

（a）直线进给；（b）圆周进给

1-滚柱；2-靠模；3-铣刀；4-工件；5-铣刀滑座；6-滚柱滑座；7-回转台；8-滑座

图5-6　铣削靠模夹具

直线进给靠模铣床夹具的工作原理如图5-6（a）所示，靠模2和工件4都装在铣床工作台的夹具上，滚柱滑座6和铣刀滑座5连成一体，两者间轴距k保持不变。滑座5、6在重锤或弹簧拉力的作用下，使滚柱1始终靠紧在靠模2上，铣刀3接触工件。当工作台纵向直线进给时，靠模推动滚柱1，使铣刀滑座5产生横向辅助运动，使铣刀按靠模曲线在工件上铣出相似曲面。

圆周进给靠模夹具工作原理如图5-6（b）所示。工件4和靠模2装在回转台7上，转台做圆周运动。在强力弹簧的作用下，滑座8带动工件沿导轨相对于工件做辅助运动，加工出与靠模相似的成形面。

第三节　钻、铰、镗削及其装备

在实体工件上加工出孔是采用钻削加工；对已有孔进行扩大尺寸并提高精度及减小表面粗糙度是采用铰削、镗削加工，对孔进行精加工，生产中主要采用磨削；而进一步提高孔的表面质量还须采用精细镗、研磨、珩磨、滚压等光整加工方法。钻削除可以在车床、镗床、钻床、组合机床和加工中心进行外，多数情况下，尤其是当生产批量较大时，可在钻床上进行。孔加工刀具种类很多，从单刃到多刃，从适应粗加工到适应精加工，从加工通孔到加工盲孔，从加工小孔到加工大孔，从加工浅孔到加工深孔，各具特色，但多数为定尺寸刀具。钻削时所用附件除安装工件用的虎钳、压板、螺栓、V形架外，还包含安装钻头用的钻夹头和变径套。镗削所用附件主要有安装镗刀用的刀杆座等和安装工件用的压板、螺栓、弯板和角铁等。

大多数的机械零件上都存在内孔表面，根据孔与其他零件相对连接关系的不同，孔有配合孔与非配合孔之分；据孔几何特征的各异，孔有通孔、盲孔、阶梯孔、锥孔等区别；按其形状，孔还有圆孔和非圆孔等不同。

由于孔在各零件中的作用不同，孔的形状、结构、精度及技术要求不同，为此，生产中亦有多种不同的孔加工方法与之适应。可对实体材料直接进行孔加工，亦能对已有孔进行扩大尺寸及提高质量的加工。与外圆表面相比，由于受孔径的限制，加工内孔表面时刀具速度、刚度不易提高，孔的半封闭式切削又大大增加了排屑、冷却及观察、控制的难度，因此，孔加工难度远大于外圆表面的加工，并且，随着孔的长径越大，孔的加工难度越大。

一、钻、铰、镗削加工

在实体工件上加工出孔是采用钻削加工，对已有孔进行扩大尺寸并提高精度及减小表面粗糙度是采用铰削、镗削加工。对孔进行精加工，生产中主要采用磨削，而进一步提高孔的表面质量还须采用精细镗、研磨、珩磨、滚压等光整加工方法。

（一）钻削加工

在钻床上以钻头的旋转做主运动，钻头向工件的轴向移动做进给运动，在实体工件上加工出孔为钻削。按孔的直径、深度的不同，生产中有各种不同结构的钻头，其中，麻花钻最为常用。由于麻花钻存在的结构问题，采用麻花钻钻孔时，轴向力很大，定心能力较差，孔易引偏；加工中摩擦严重，加之冷却润滑不便，表面较为粗糙。故麻花钻钻孔的精度不高，一般为IT13～IT12，表面粗糙度达 Ra 12.5～6.3μm，生产效率也不高。所以，钻孔主要用于Φ80mm以下孔径的粗加工。如加工精度、粗糙度要求不高的螺钉孔、油孔或对精度、粗糙度要求较高的孔作预加工。生产中为提高孔的加工精度、生产效率和降低生产成本，广泛使用钻模、多轴钻或组合机床进行孔的加工。

当孔的深径比达到5级以上时为深孔。深孔加工难度较大，主要表现在刀具刚性差、导向难、排屑难、冷却润滑难几方面，有效地解决以上加工问题，是保证深孔加工质量的关键。一般对深径比在5～20的普通深孔，在车床或钻床上用加长麻花钻加工；对深径比达20以上的深孔，在深孔钻床上用深孔钻加工；当孔径较大，孔加工要求较高时，可在深孔镗床上加工。

当工件上已有预孔（如铸孔、锻孔或已加工孔）时，可采用扩孔钻进行孔径扩大的加工，称扩孔。扩孔亦属钻削范围，但精度、质量在钻孔基础上均有所提高，一般扩孔精度达IT12～IT10，表面粗糙度达 Ra 6.2～3.2μm，故扩孔除可用于较高精度的孔的预加工外，还可使一些要求不高的孔达到加工要求。加工孔径一般不超过Φ100mm。

（二）铰削加工

铰削是对中小直径的已有孔进行精度、质量提高的一种常用加工方法。铰削时，采用的切削速度较低，加工余量较小（粗铰时一般为Φ0.15～Φ0.35mm，精铰为Φ0.05～Φ0.15mm），校准部分长，铰削过程中虽挤压变形较大，但对孔壁有修光熨压作用，因此，铰削通过对孔壁薄层余量的去除使孔的加工精度、表面质量得到提高。一般铰孔加工精度可达IT9～IT6，表面粗糙度达 Ra 1.6～0.4μm，但铰孔对位置精度的保证不够理想。

铰孔既可用于加工圆柱孔，亦可用于加工圆锥孔，既可加工通孔，亦可加工盲孔。铰孔前，被加工孔应先经过钻削或钻、扩孔加工，铰削余量应合理，既不能过大也不能过小，速度与用量也应合适，才能保证铰削质量。另外，铰削中，铰刀不能倒转；铰孔后，应先退铰刀后停车。

（三）镗削加工

在镗床上以镗刀的旋转为主运动，工件或镗刀移动做进给运动，对孔进行扩大孔径及提高质量的方法为镗削加工。镗削加工能获得较高的加工精度，一般可达IT8 ～ IT7，较高的表面粗糙度，一般为 Ra 1.6 ～ 0.8μm。但要保证工件获得高的加工质量，除与所用加工设备密切相关外，还对工人技术水平要求较高，加工中调整机床、刀具时间较长，故镗削加工生产率不高，但镗削加工灵活性较大，适应性强。

生产中，镗削加工一般用于加工机座、箱体、支架及非回转体等外型复杂的大型零件上的较大直径孔，尤其是有较高位置精度要求的孔与孔系；对外圆、端面、平面也可采用镗削进行加工，且加工尺寸可大可小；当配备各种附件、专用镗杆和相应装置后，镗削还可以用于加工螺纹孔、孔内沟槽、端面、内外球面和锥孔等。

当利用高精度镗床及具有锋利刃口的金刚石镗刀，采用较高的切削速度和较小的进给量进行镗削时，可获得更高的加工精度及表面质量，称为精镗或金刚镗。精镗一般用于对有色金属等软材料进行孔的精加工。

二、钻、镗设备

钻削可以在车床、镗床、钻床、组合机床和加工中心进行，多种情况下，尤其是当生产批量较大时，在钻床上进行应用较多。

（一）钻床

钻床是进行孔加工的主要机床之一。其主运动是主轴的旋转运动，主轴向工件的移动为进给运动，加工中工件不动。钻床种类较多，主要有立式钻床、台式钻床、摇臂钻床、深孔钻床、中心孔钻床、数控钻床等。

1.立式钻床

立式钻床由垂直布置的主轴、主轴箱、立柱、水平布置的工作台等组成。主轴与工作台间距离可沿立柱导轨调整上、下位置以适应不同高度的工件，主轴轴线位置固定，加工中靠移动工件位置使主轴对准孔的中心，主轴可机动或手动进给。在立式钻床上可对中小型工件完成钻孔、扩孔、铰孔、攻螺纹、锪沉头孔、锪孔口端面等工作。

台式钻床是一种放在桌子上使用的小型钻床。它可加工的孔径一般为Φ0.1 ～ Φ13mm。一般为手动进给，是钻小直径孔的主要设备。

2.摇臂钻床

机床的主轴箱装于可绕立柱回转的摇臂上，并可沿摇臂水平移动，摇臂还可以沿立柱调整高度以适应不同的工件。加工中，工件固定于工作台或底座，钻头与孔轴线的对准依据灵活的主轴箱位置调整加以实现。

（二）镗床

镗床主要用于加工重量、尺寸较大工件上的大直径孔系，尤其是有较高位置、形状要求的孔系加工。镗床主要有卧式镗床、坐标镗床和金刚镗床等。

1.卧式镗床

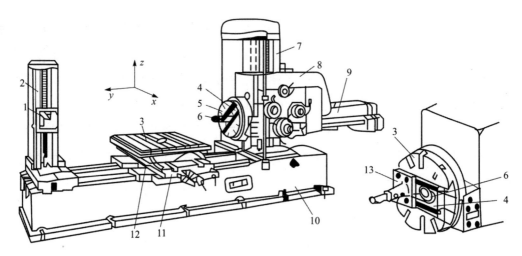

1-支架；2-后立柱；3-工作台；4—径向刀架；5-平旋盘；6-镗轴；7-前立柱；
8-主轴箱；9-后尾筒；10-床身；11-下滑座；12-上滑座；13-刀座

图5-7　卧式镗床

卧式镗床是一种应用较广泛的镗床，其外形如图5-7所示。前立柱7固定连接在床身10上，在前立柱7的侧面轨道上，安装着可沿立柱导轨上下移动的主轴箱8和后尾筒9，主轴箱中装有主运动和进给运动的变速及其操纵机构；可做旋转运动的平旋盘5上铣有径向T形槽，供安装刀夹或刀盘用；平旋盘端面的燕尾形导轨槽中可安装径向刀架4，装在径向刀架上的刀杆座可随刀架在燕尾导轨槽中做径向进给运动；镗轴6的前端有精密莫氏锥孔，可用于安装刀具或刀杆；后立柱2和工作台3均能沿床身导轨做纵向移动，安装于后立柱上的支架1可支撑悬伸较长的镗杆，以增加其刚度；工作台除能随下滑座11沿轨道纵向移动外，还可在上滑座12的环形导轨上绕垂直轴转动。由上述可知，在卧式镗床上可实现多种运动。

（1）镗轴6、平旋盘5的旋转运动。二者独立，并分别由不同的传动机构驱动，均为主运动。

（2）镗轴6的轴向进给运动；工作台3的纵向进给运动；工作台的横向进给运动；主轴箱8的垂直进给运动；平旋盘5上径向刀架4的径向进给运动。

（3）镗轴6、主轴箱8及工作台3在进给方向上的快速调位运动，后立柱2的纵向调位运动，支架1的垂直调位移动，以及工作台的转位运动等构成卧式镗床上的各种辅助运动，它们可以手动，也可以由快速电动机传动。

由于卧式镗床能方便灵活地实现以上多种运动，所以，卧式镗床的应用范围较广。

2.坐标镗床

因机床上具有坐标位置的精密测量装置而得名。在加工孔时，可按直角坐标来精密定位，因此坐标镗床是一种高精密机床，主要用于镗削高精度的孔，尤其适合于相互位置精度很高的孔系，如钻模、镗模等孔系的加工，也可用作钻孔、扩孔、铰孔以及较轻的精铣工作；还可用于精密刻度、样板划线、孔距及直线尺寸的测量等工作。

坐标镗床有立式、卧式之分。立式坐标镗床适宜加工轴线与安装基面垂直的孔系和铣顶面；卧式坐标镗床则宜于加工轴线与安装基面平行的孔系和铣削侧面。立式坐标镗床还有单柱和双柱之分。当进行镗、钻、扩、铰孔时，主轴由主轴套筒带动，在竖直向做机动或手动进给运动。当进行铣削时，则由工作台在纵横向做进给运动。

三、常用孔加工刀具

孔加工刀具种类很多，从单刃到多刃，从适应粗加工到适应精加工，从加工通孔到加工盲孔，从加工小孔到加工大孔，从加工浅孔到加工深孔，各具特色，但多数为定尺寸刀具。

（一）钻刀

1.麻花钻

麻花钻主要用于在实体材料上打孔，是目前孔加工中应用最广的刀具。

（1）麻花钻的组成

麻花钻由三部分组成：工作部分（包括切削部分和导向部分）、颈部和柄部。

①柄部

钻头的柄部用于夹持刀具和传递动力。通常直径在12mm以下的小直径钻头采用直柄；而直径大于16mm的较大直径钻头采用锥柄，锥柄可传递较大扭矩，锥柄后端的扁尾用于传递扭矩且便于卸下钻头；直径为12 ~ 16mm的钻头，直柄、锥柄均可采用。

②颈部

颈部位于工作部与柄部之间，常用来打标记。

③工作部分

导向部分有两条对称的棱带和螺旋槽。窄窄的棱带起导向及修光孔壁的作用，同时可减小钻头与孔壁的摩擦；螺旋槽用于排屑及输送切削液。切削部分为两个刀齿，刀齿上均有前面、后面、负后面、主刀刃及副刀刃，两后面在钻心处相交形成横刃。切削部分担负切削工作。

（2）麻花钻的结构特征及存在的问题

麻花钻两刀齿的前面为螺旋槽，螺旋斜角越大，刀具获得的前角越大，切削刃越锋利，排屑越顺畅，但同时钻头刚性变差。由于刀刃上各点螺旋斜角不同，刀刃上各点的前角也不同，且越向钻心，前角越小，切削挤压变形严重，使钻削力加大。一把中等直径的麻花钻，由刀刃外缘至钻心，前角相差近60°。

为加强麻花钻的导向作用，钻头两刀齿后面几乎作成圆柱形，即副后角为零，导致麻花钻加工中与孔壁摩擦剧烈，使已加工孔壁粗糙，表面质量差。同时，因刀具外缘处速度最高，故钻头主、副刃转角处磨损严重，使刀具耐用度下降。

为提高刀具刚度，麻花钻两刀齿交错布局而形成横刃，受结构限制，横刃前角负值很大，工作中挤压非常严重，经实测，麻花钻工作中有大约57%的轴向力由横刃引起，加之横刃有一定的宽度，使麻花钻工作中的定心能力较差，被加工孔易出现引偏现象。

（3）麻花钻的修磨

目前，麻花钻已标准化、系列化，但针对麻花钻工作中轴向大、定心性差、易引偏及表面粗糙度大及刀具耐用度低等问题，为改善其切削性能，人们往往对麻花钻进行修磨，修磨部分主要是横刃和麻花钻的转角。如磨窄磨尖横刃可降低轴向力；磨出多重锋角可提高转角处刀具刚度，增大散热体积，降低刀具磨损提高刀具耐用度。

2.群钻

群钻是针对标准麻花钻工作中存在的不足，经长期生产经验总结采取多种修磨措施而形成的新型钻头结构。其主要结构特征是：将两主切削刃接近钻心处磨成圆弧内刃，以提高该处刀刃锋利性；将横刃磨窄磨尖，以改善其切削性能并提高定心性，同时降低横刃尖高，以保证刀尖足够的强度和刚度；在外刃上开出分屑槽，以利于排屑；磨窄刃带，以减少刀具与孔壁的摩擦。从而形成了"三尖七刃锐当先，月牙弧槽分两边，一侧外刃再开槽，横刃磨低窄又尖"的新格局。与标准麻花钻相比，采用群钻加工孔，可明显降低轴向力，提高定心能力，提高钻削加工精度、表面质量及钻头的耐用度。目前，群钻按工作材料的不同，加工孔径不同，实现了标准化和系列化。

3.硬质合金钻头

加工硬脆材料如合金铸铁、玻璃、淬硬钢等难切削材料时，可使用硬质合金钻头。直径较小时可做成整体结构，直径较大时（大于6mm）可做成镶嵌结构。

4.可转位浅孔钻

可转位浅孔钻是20世纪70年代末出现的新型钻头。它适合在车床上加工直径在20～60mm、长径比小于3的中等直径浅孔。对直径在60mm以上的浅孔，可用硬质合金可转位式套料浅孔钻加工。该结构的钻头切削效率高、功率消耗少，还可以节省原材料、降低成本，是大批量生产加工中等直径孔时常采用的方法之一。可转位浅孔钻还可用于镗孔或车端面，并可实现高速切削。

5. 深孔钻

针对深孔加工中的困难，深孔钻应从结构上解决好定心、导向、排屑、冷却及刀具刚度问题，才能适应深孔加工的要求。

（1）单刃外排屑深孔钻（枪钻）

单刃外排屑深孔钻用于加工直径 Φ2 ~ Φ20mm，长径比达 100 的小深孔。因常用于加工枪管小孔而得名枪钻。钻杆采用无缝钢管压出 120° 凹槽形成较大容屑、排屑空间，切削液由钻杆中注入，达切削区后将切屑由钻杆外冲出；刀具仅在一侧有刃，分为内刃、外刃，内刃切出的孔底有锥形凸台，有助于钻头定心导向；钻尖偏离轴心一个距离 e，同时，内刃前面低于轴心线 H，这使枪钻工作中无法去除轴心材料而形成芯柱（称导向芯柱），很好地解决了孔加工中的导向问题，导向芯柱直径较小（2H），故能自行折断并随切屑排出。

（2）错齿内排屑深孔钻（BTA）

钻头工作时由浅牙矩形螺纹与钻杆连接，通过刀架带动，经液封头钻入工件。钻头刀齿交错排列，利于分屑并排屑；在钻管与工件孔壁的缝隙中加入高压切削液，解决切削区的冷却问题，同时利用液体高压将切屑由钻管内孔中冲出；分布于钻头前端圆周上的硬质合金导条，使钻头支承于孔壁，实现了加工中的导向。

（3）喷吸钻

喷吸钻在切削部分的结构与错齿内排屑深孔钻结构基本相同，但钻杆采用内管、外套相结合的双层管结构。工作时，压力切削液从进液口流入连接套，其中三分之一从内管四周月牙形喷嘴喷入内管。因月牙槽缝隙很小，切削液喷入时产生喷射效应，使内管内侧形成负压区。另外三分之二由内、外管间隙流至切削区，连同切削液一起被吸入内管迅速排出，压力切削液流速快，到达切削区时雾状喷出，利于冷却，同时，经喷口流入内管的切削液流速增大，加强"吸"的作用，提高排屑的效果。喷吸钻适用于加工中等直径的一般深孔。

（4）深孔麻花钻

深孔麻花钻在结构上采用加大螺旋角、增加钻心厚度、改善刃沟槽形、合理选择几何角度及修磨形式，较好地解决了排屑、导向、低刚度等深孔加工问题。深孔麻花钻可在普通设备上一次进给加工长径比达 5 ~ 20 的深孔。

6. 扩孔钻

扩孔钻用于对工件上已有孔进行扩径加工。与普通麻花钻相比，扩孔钻的刀刃一般为3～4齿，工作平稳性、导向性提高；因无须对孔心进行加工，故扩孔钻不设横刃；由于切屑少而窄，可采用较浅容屑槽，刀具刚度得以改善，既有利于加大切削用量提高生产率，同时切屑易排，不易划伤已加工表面，使表面质量提高。

扩孔钻按刀具切削部分材料的不同有高速钢和硬质合金之分。小直径高速钢扩孔钻采用整体直柄结构；直径较大时采用整体锥柄结构或套式结构。硬质合金扩孔钻除具有直柄、锥柄、套式等结构形式外，大直径的扩孔钻常采用机夹可转位形式。

7.锪钻

锪钻用于加工工件上已有孔上的沉头孔（有圆柱形和圆锥形之分）和孔口凸台、端面。锪钻多数采用高速钢制造，只有加工端面凸台的大直径端面锪钻采用硬质合金制造，并采用装配式结构。平底锪钻一般有3～4个刀齿，前方的导柱有利于控制已有孔与沉头孔的同轴度。导柱一般作成可卸式，以便于刀齿的制造及刃磨，同一直径锪钻还可以有多种直径导柱。锥孔锪钻的锥度一般有60°、90°和120°三种，其中90°最为常用。

（二）铰刀

1.铰刀的组成

铰刀由工作部分、颈部和柄部组成。工作部分包括切削部分和校准部分。导锥和切削锥构成切削部分，导锥便于铰刀工作时的引入，切削锥起切削作用；校准部分的圆柱部分可起导向、校准和修光作用，倒锥则可减少铰刀与孔壁的摩擦和防止孔径扩大。

2.铰刀的结构要素

（1）直径与公差

铰刀是用于精加工孔的定尺寸刀具，其直径与公差取值主要决定于被加工孔的直径及精度要求。同时，也要考虑铰刀的使用寿命及制造成本。因此，铰刀直径一般相同于被加工孔的基本尺寸，而公差则根据被加工孔的公差，留下一定备磨量并按铰孔中出现的扩孔或缩孔量确定。

（2）齿数及槽形

铰刀的齿数多，则铰刀工作中导向性好，刀齿负荷轻，铰孔质量高。但齿数过多会使容屑空间减少，刀齿强度降低。通常根据直径和工件材料确定齿数。材料韧性好取少齿数，脆性大取多齿数。为便于直径测量，铰刀一般取偶数齿，且多为等距均布，在某些情况下，为避免周期性切削负荷对孔表面的影响，也可取用不等齿距结构。

铰刀的齿槽形式有直槽和螺旋槽两种。直槽铰刀因刃磨、检验方便，故在生产中常用；螺旋槽铰刀切削平稳，刀具耐用度高，铰削质量高，特别适用于铰削表面不连续的孔（如带键槽的孔）。螺旋槽又有左旋和右旋之分，左旋铰刀因其向前排屑，故不能铰削盲孔；而右旋铰刀的夹持不如左旋牢固，因而切削用量应适当减小。

（3）几何角度

铰刀的几何角度主要有主偏角（切削锥角），前、后角，刃倾角及刃带宽度等。切削锥度影响切削时的进给力，手铰刀为使工作者省力，取主偏角为1°左右，机铰刀则根据加工条件，如通孔时取12°～15°；盲孔时，为铰出孔的全长可取到45°。前、后角，刃倾角的作用与其他刀具的类似。为保证铰孔中有较好的导向、修光及校准孔径等作用，铰刀校准部分的刃口上制有0.1～0.5mm的刃带，刃带与孔壁间将产生一定的摩擦，故刃带亦不宜太大，一般按铰刀直径来合理确定刃带宽度。

（三）镗刀

镗刀的种类很多，按刀刃数量分有单刃镗刀、双刃镗刀和多刃镗刀；按被加工表面性质分为通孔镗刀、盲孔镗刀、阶梯孔镗刀和端面镗刀；按刀具结构有整体式、装配式和可调式镗刀。

1.单刃镗刀

加工小孔时镗刀可做成整体式，加工大孔时镗刀可做成机夹式或机夹可转位式。镗刀的刚性差，切削时易产生振动，故镗刀有较大的主偏角，以减小径向力。普通单刃镗刀结构简单，制造方便，通用性强，但切削效率低，对工人操作技术要求高。随着生产技术的不断发展，需要更好地控制、调节精度和节省调节时间，出现了不少新型的微调镗刀。

2.双刃镗刀

双刃镗刀属定尺寸刀具，通过两刃间的距离改变，达到加工不同直径孔的目的。常用的有固定式镗刀块和浮动镗刀两种。

（1）固定式镗刀块

镗刀块通过斜楔或在两个方向倾斜的螺钉等夹紧镗杆。安装后镗刀块相对于轴线的位置误差都将造成孔径扩大，所以，镗刀块与镗杆上方孔的配合要求较高，刀块安装方孔对轴线的垂直度与对称度误差不大于0.01mm。固定式镗刀块用于粗镗或半精镗直径大于40mm的孔。固定式镗刀块也可制成焊接式或可转位式硬质合金镗刀块。

（2）浮动镗刀

浮动镗刀装入镗杆的方孔中不需要夹紧。镗孔时通过作用在两侧切削刃上切削力来自动平衡其切削位置，因此，它能自动补偿由刀具安装误差、机床主轴偏差而造成的加工误差，获得较高的加工精度（IT7～IT6），但它无法纠正孔的直线度误差，因而要求预加工孔的直线性好，表面粗糙度值不大于 Ra 3.2μm。浮动镗刀结构简单，刃磨方便，但镗杆上方孔难制造，且加工孔径不能太小，操作麻烦，效率亦低于铰孔，故适用于单件、小批量生产中加工直径较大的孔，尤其适合于精镗孔径大（>200mm）而深（长径比>5）的筒件和管件孔。

浮动镗刀可分为整体式、可调焊接式和可转位式。整体式通常用高速钢制作或在45钢刀体上焊两块硬质合金刀片，制造时直接磨到尺寸，适用于多品种、小批量的零件加工。

除以上各种常用孔加工刀具外，生产中为提高生产效率、加工精度等，还有一些专门设计的特定用途的组合刀具和复合刀具。如加工阶梯孔的阶梯麻花钻，钻铰一体的复合刀具，加工深孔的拉铰刀、推镗刀，用于精密孔加工的硬质合金镗铰刀，等等。

四、钻、镗削常用附件及夹具

（一）钻、镗削常用附件

钻削时所用附件除安装工件用的虎钳、压板、螺栓、V形架外，还包含安装钻头用的钻夹头和变径套。镗削所用附件主要有安装镗刀用的刀杆座等和安装工件用的压板、螺栓、弯板、角铁等。

1.钻夹头

钻夹头用于夹持直柄钻头。

2.变径套

锥柄刀具通常可直接装于主轴锥孔内。当柄部莫氏锥度号数与机床主轴的莫氏锥度号数不同时，须采用变径套安装。如果一个套筒还不能满足要求，则可用两个或两个以上的套筒做过渡连接，从而保证刀具可靠地安装在主轴锥孔内。

（二）钻、镗用夹具

1.钻床夹具（钻模）

在钻床和组合机床上用于加工孔的夹具为钻床夹具，简称钻模。它的主要作用是控制刀具的位置并引导刀具进给，保证被加工孔的位置精度。钻模的种类很多，但它们在结构上都有一个安装钻套的钻模板，因使用要求不同，故结构形式各异，一般有固定式、翻转式、回转式、盖板式及滑柱式等多种结构形式。

（1）固定式钻模

固定式钻模在使用过程中的位置固定不动。在立式钻床上，可用于较大的单孔加工，若须加工孔系，则应在主轴上增加有一个多轴传动头。在摇臂钻床上，可用于平行孔系的加工。在钻床工作台上安装钻模时，应先用装于主轴的钻头（精度要求高时可用心轴）插入钻套，以校正钻模位置，然后将其固定，这样可减少钻套的磨损，同时可保证孔的位置精度。

（2）回转式钻模

对工件上围绕一定回转轴线（立、卧、斜轴）分布的轴向或径向孔系及分布于工件不同表面的孔进行加工时，可采用回转式钻模。它有分度装置，可依靠钻模加工各孔。钻模所用的对定机构有径向分度对定和轴向分度对定两种。

（3）翻转式钻模

翻转式钻模可以和工件一起翻转，以方便加工分布于工件上不同表面的孔，主要用于中、小型工件上的孔加工，夹具重量不宜过大，一般连同工件不应超过80～100N。支柱式钻模是翻转式钻模中应用较多的典型结构之一。箱式和半箱式钻模是翻转钻模的又一类典型结构，用于钻工件上不同方向的孔，该类钻模的钻套大多直接装于夹具体，夹具呈封闭或半封闭状态，利用夹具体变换支承面，以适应工件不同方向的加工需求。

（4）盖板式钻模

盖板式钻模的特点是可将钻模板盖在工件上，定位、夹紧件及钻套均可装于钻模板，不用设置专门的夹具体，有时甚至不用夹紧装置。盖板式钻模可用于加工大型工件上的小孔。

（5）移动式钻模

这类钻模用于加工中、小型工件同一表面上的多个孔，加工中通过移动钻模，找正钻头相对钻套的位置，对不同的孔进行加工。

（6）滑柱式钻模

滑柱式钻模是一种带有升降钻模板的通用可调夹具。夹具的钻模板、三根滑柱、夹具体及传动锁紧机构为该类夹具的通用结构，且已标准化，使用时，只要根据工件形状、尺寸及加工要求，设计相应的定位、夹紧装置及钻套等即可。

2.镗床夹具（镗模）

镗床夹具专门用于在各种立式、卧式镗床上镗孔，又称镗模。与钻模很相似，除具有一般夹具的各类元件外，也具备引导刀具的导套——镗套，镗套亦是按工件被加工孔的坐标位置装于专门的零件——导向支架（镗模架）上，镗模在镗床上的安装类似于铣床夹具，即采用定向键或在镗模体上找正基准面的方式安装。

按所使用的机床类型，镗模有立式和卧式镗模两类；按镗套安放位置的不同又有前引导式、后引导式、前后引导式及不同镗套的镗模。

单支承前引导式镗模的导向模架在刀具的前方，刀杆与机床主轴刚性连接。这种模架布置方式适用于加工较大（>60mm）的浅通孔。单支承后引导式镗模的导向模架处于刀具的后方，刀杆与主轴亦为刚性连接，当孔的长径比小于1时，可让刀具导向部分直径大于孔径，而使刀杆刚性好、加工精度高，换刀也不必更换或取下镗套；当孔的长径比大于1时，应让刀具导向部分直径小于孔径，而使镗杆能进入加工孔，减少镗杆悬伸长度及刀杆总长，提高刚性。单支承双引导镗模在工件上一侧装有两个镗模架，镗杆与主轴采用浮动连接，孔的精度全由镗套保证。双支承单引导镗模的模架分别装于工件两侧，镗杆与主轴浮动连接，加工长径比大于1.5的通孔或排在同一轴线上的几个短孔且位置精度要求较高时采用该种镗模。双支承双引导镗模则在工件两侧均装有两个镗模架，当孔的加工精度要求较高，且从两面进行镗孔时采用该镗模。

3.钻、镗模特色零件。

（1）钻模板

钻模板在钻模上用于安装钻套。钻模板与夹具体的连接方式有固定式、可卸式和铰链式三种。

固定式钻模板与钻模体做成一体，或将钻模板固定在钻模体上。该结构加工精度高，但工件装卸不便。可卸式钻模板与夹具体分开，随工件的装卸而装卸。这种结构工件装卸方便，但效率低。铰链式是将钻模板用铰链装于夹具体，钻模板可绕铰链翻转。该结构工件装卸方便。

（2）钻套

钻套用于引导刀具进入正确的工作位置。钻套按其结构可分为固定钻套、标准钻套、可换钻套和特种钻套四种。

采用固定钻套易获得较高的加工精度，但钻套磨损后不便更换。可换钻套采用螺钉紧固于钻模板，但加工精度不如固定钻套，适用于在一个工序中采用多种刀具（如钻、扩、铰或攻丝）依次连续加工的情况。当工件的结构形状或工序加工条件均不适合采用以上钻套时，可按具体情况设计特种钻套。

（3）镗套

镗套有固定式和回转式两种。

固定式镗套的结构，和一般钻套的结构基本相似。它固定在镗模支架上，而不能随镗杆一起转动，因此镗杆与镗套之间有相对运动，存在摩擦。固定式镗套具有外形尺寸小，结构紧凑，制造简单，容易保证镗套中心位置的准确等优点。但是固定式镗套只适用于低速加工，否则镗杆与镗套间容易因相对运动发热过高而"咬死"，或者造成镗杆迅速磨损。

第四节　磨削及其装备

磨削加工是在磨床上使用砂轮与工件做相对运动，对工件进行的一种多刀多刃的高速切削方法，它主要应用于零件的精加工，尤其对难切削的高硬度材料，如淬硬钢、硬质合金、玻璃和陶瓷等进行加工。

磨床的种类很多，除生产中常用的外圆磨床、内圆磨床、平面磨床外，还有工具磨床、刃具磨床及其他磨床。砂轮具有一定的自锐性，磨粒硬而脆，它可在磨削力作用下破碎、脱落、更新切削刃，保持刀具锋利，并在高温下仍不失去切削性能。磨削加工可适应各种表面，如内外圆表面、圆锥面、平面、齿轮齿面、螺旋面及各种成形面的加工；同时，磨削加工可适应多种工件材料，尤其是采用其他普通刀具难切削的高硬高强材料，如淬硬钢、硬质合金、高速钢等。

一、磨削加工

（一）磨削加工的特点

与其他加工方法相比，磨床加工有以下工艺特点：

1.磨削加工精度高。由于去除余量少，一般磨削可获得IT7～IT5级精度，表面粗糙度低，磨削中参加工作的磨粒数多，各磨粒切去切屑少，故可获得较小的表面粗糙度值$Ra 1.6～0.2\mu m$，若采用精磨、超精磨等，将获得更低表面粗糙度。

2.磨削加工范围广。磨削加工可适应各种表面，如内外圆表面、圆锥面、平面、齿轮齿面、螺旋面及各种成形面的加工；同时，磨削加工可适应多种工件材料，尤其是采用其他普通刀具难切削的高硬、高强材料，如淬硬钢、硬质合金、高速钢等。

3.砂轮具有一定的自锐性。磨粒硬而脆，它可在磨削力作用下破碎、脱落、更新切削刃，保持刀具锋利，并在高温下仍不失去切削性能。

4.磨削速度高，过程复杂，消耗能量多，切削效率低；磨削温度高，会使工件表面产生烧伤、残余应力等缺陷。

（二）磨削加工方法及应用

磨削加工的适应性很广，几乎能对各种形状的表面进行加工。按工件表面形状和砂轮与工件间的相对运动，磨削可分为外圆磨削、内圆磨削、平面磨削及无心磨等几种主要加工类型。

1.外圆磨削

外圆磨削是以砂轮旋转作主要运动，工件旋转、移动（或砂轮径向移动）做进给运动，对工件的外回转面进行的磨削加工，它能磨削圆柱面、圆锥面、轴肩端面、球面及特殊形状的外表面。按不同的进给方向，又有纵磨法和横磨法之分。

（1）纵磨法

采用纵磨法磨外圆时，以工件随工作台的纵向移动做进给运动，每次单行程或往复行程终了时，砂轮做周期性的横向切入进给，逐步磨出工件径向的全部余量。纵磨法每次的切入量少，磨削力小，散热条件好，且能以光磨的次数来提高工件的磨削精度和表面质量，是目前生产中使用最广泛的一种外圆磨削方法。

（2）横磨法

采用横磨法磨外圆时，砂轮宽度大于工件磨削表面宽度，以砂轮缓慢连续（或不连续）地沿工件径向的移动作进给运动，工件则不需要纵向进给，直到达到工件要求的尺寸为止。横磨法可在一次行程中完成磨削过程，加工效率高，常用于成形磨削。横磨法中砂轮与工件接触面积大，磨削力大，因此，要求磨床刚性好，动力足够；同时，磨削热集中，需要充分的冷却，以免影响磨削表面质量。

（3）无心外圆磨削

无心磨外圆时，工件不用夹持于卡盘或支承于顶尖，而是直接放于砂轮与导轮之间的托板上，以外圆柱面自身定位。磨削时，砂轮旋转为主运动，导轮旋转带动工件旋转和工件轴向移动（因导轮与工件轴线倾斜一个α角度，旋转时将产生一个轴向分速度）为进给运动，对工件进行磨削。

无心磨外圆也有贯穿磨法和切入磨法。贯穿磨法使用于不带台阶的光轴零件，加工时工件由机床前面送至托板，工件自动轴向移动磨削后从机床后面出来；切入磨法可用于带台阶的轴加工，加工时先将工件支承在托板和导轮上，再由砂轮做横向切入磨削工件。

无心外圆磨是一种生产率很高的精加工方法，且易于实现生产自动化，但机床调整费时，故主要用于大批量生产。由于无心磨以外圆表面自身作定位基准，故不能提高零件位置精度。当零件加工表面与其他表面有较高的同轴要求或加工表面不连续（例如有长键槽）时，不宜采用无心外圆磨削。

2.内圆磨削

（1）普通内圆磨削

普通内圆磨削的主运动仍为砂轮的旋转，工件旋转为圆周进给运动，砂轮（或工件）的纵向移动为纵向进给。同时，砂轮做横向进给，可对零件的通孔、盲孔及孔口端面进行磨削。内圆磨削也有纵磨法与切入法之分。

（2）无心内圆磨削

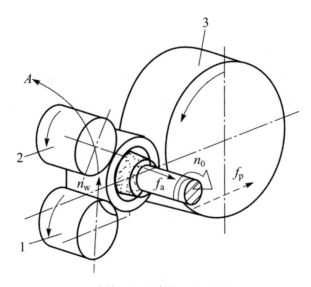

1—滚轮；2—压紧轮；3—导轮

图5-8 无心内圆磨削的工作原理

无心内圆磨削时，工件同样不用夹持于卡盘，而直接支承于滚轮1和导轮3上，压紧轮2使工件紧靠轮1、轮3两轮，如图5-8所示。磨削时，工件由导轮带动旋转做圆周进给，砂轮高速旋转为主运动，同时做纵向进给和周期性横切入进给。磨削后，为便于装卸工件，压紧轮向外摆开。无心内圆磨削适合于大批量加工薄壁类零件，如轴承套圈等。

与外圆磨削相比，因受孔径限制，砂轮及砂轮轴直径大，转速高，砂轮与工件接触面积大，发热量大，冷却条件差，工件易热变形；砂轮轴刚度差，易振动和弯曲变形。因此，在类似工艺条件下内圆磨的质量会低于外圆磨。生产中常采用减少横向进给量、增加光磨次数等措施来提高内孔磨削质量。

3.平面磨削

平面磨削的主运动虽是砂轮的旋转，但根据砂轮是利用周边还是利用端面对工件进行磨削，有不同的磨削形式；另外，根据工件是随工作台做纵向往复运动还是随转台做圆周进给，也有不同的磨削形式。砂轮沿轴向做横向进给，并周期性地沿垂直于工件磨削表面方向做进给，直至达到规定的尺寸要求。

二、磨床

用磨料磨具（砂轮、砂带、油石和研磨料）作为工具进行切削加工的机床统称磨床。磨床的种类很多，除生产中常用的外圆磨床、内圆磨床、平面磨床外，还有工具磨床、刃具磨床及其他磨床。

（一）外圆磨床

外圆磨床包括万能外圆磨床、普通外圆磨床和无心外圆磨床等。

1.万能外圆磨床

（1）机床的组成与布局

万能外圆磨床由床身、头架、砂轮架、工作台、内圆磨装置及尾座等部分组成。

床身是磨床的基础支承件，工作台、砂轮架、头架、尾座等部件均安装于此，同时保证工作时部件间有准确的相对位置关系。床身内为液压油的油池。

头架用于安装工件并带动工件旋转做圆周进给。它由壳体、头架主轴组件、传动装置与底座等组成。主轴带轮上有卸荷机构，以保证加工精度。

砂轮架用于安装砂轮并使其高速旋转。砂轮架可在水平面一定角度范围（±30°）内调整，以适应磨削短锥的需要。砂轮架由壳体、砂轮组件、传动装置和滑鞍组成。主轴组件的精度直接影响到工件加工质量，故应具有较好的回转精度、刚度、抗振性及耐磨性。

工作台由上、下两层组成。上工作台相对于下工作台可在水平面内回转一个角度（±10°），用于磨削小锥度的长锥面。头架和尾座均装于工作台并随工作台做纵向往复运动。

尾座主要是和头架配合用于顶夹工件。尾座套筒的退回可手动或液动。

内磨装置由支架和内圆磨具两部分组成。内磨支架用于安装内圆磨具，支架在砂轮架上以铰链连接方式安装于砂轮架前上方，使用时翻下，不用时翻向上方。内圆磨具是磨内孔用的砂轮主轴部件，安装于支架孔中，为了方便更换，一般做成独立部件，通常一台机床备有几套尺寸与极限工作转速不同的内圆磨具。

（2）机床的运动

万能外圆磨床的主运动为砂轮旋转运动；工件的旋转为圆周进给运动；其他进给运动视磨削方式不同而有所差别。纵磨法磨外圆时，工件纵向进给，砂轮周期性径向切入控制加工尺寸。横磨法磨外圆时，砂轮径向切入至所需尺寸。纵磨短锥时，工作台回转所需角度。除以上表面成形运动外，为提高生产率和降低劳动强度，机床还能实现辅助运动，如砂轮轴的快进、快退，尾座套筒的伸缩等。

2.普通外圆磨床

与万能外圆磨床相比，普通外圆磨床的头架主轴直接固定在壳体上不能回转，工件只能支承在顶尖上磨削；头架和砂轮架不能绕垂直轴线调整角度，也没有内磨装置。其他结构类似。因此，普通外圆磨床工艺范围较窄，只能磨削外圆柱面、锥度不大的外圆锥面和台肩端面。但普通外圆磨床由于主要部件的结构层次少，机床刚性好，允许采用较大的磨削用量，故生产率高。同时，也容易保证磨削精度和表面粗糙度要求。

3.无心外圆磨床

无心外圆磨床由床身、砂轮架、导轮架、砂轮修整器、拖板、托板和导板等组成。

（二）内圆磨床

内圆磨床包括普通内圆磨床、无心内圆磨床及行星内圆磨床等。其中，普通内圆磨床应用最广。普通内圆磨床由床身、工作台、工件头架、砂轮架、滑座等部件组成。工件头架安装于工作台，随工作台一起往复移动做纵向进给（也有由砂轮架安装于工作台作纵向进给运动的机床布局形式），头架可绕轴线调整角度，以便磨削锥孔。周期性的横向进给由砂轮架沿滑座移动完成（一般为自动）。砂轮主轴部件（内圆磨具）是机床的关键部分，为保证磨削质量，要求砂轮主轴在高速旋转下有稳定的回转精度及足够的刚度和寿命。

（三）平面磨床

平面磨床包括卧轴矩台平面磨床、立轴矩台平面磨床、卧轴圆台平面磨床和立轴圆台平面磨床等。

1.卧轴矩台平面磨床

砂轮架中的主轴（砂轮）常由电动机直接带动旋转完成主运动。砂轮架可沿滑鞍的燕尾导轨做周期横向进给运动（可手动或液动）。滑鞍和砂轮架可一起沿立柱的导轨做周期的垂直切入运动（手动）。工作台沿床身导轨做纵向往复运动（液动）。卧轴矩台平面磨床也有采用十字导轨式布局的，工作台装于床鞍，除做纵向往复运动外，还随床鞍一起沿床身导轨做周期的横向进给运动，砂轮架只做垂直进给运动。为减轻工人劳动密度和减少辅助时间，有些机床具有快速升降功能，用以实现砂轮架的快速机动调位运动。

2.立轴圆台平面磨床

立轴圆台平面磨床由床身工作台、床鞍、立柱和砂轮架等主要部件组成。砂轮架中的主轴也由电动机直接驱动，砂轮架可沿立柱的导轨做周期的垂直切入运动，圆工作台旋转做周期进给运动，同时还可沿床身导轨做纵向移动，以便工件的装卸。

三、砂轮与磨削过程

（一）砂轮

以磨料为主制造而成的切削工具称作磨具，如砂轮、砂带、油石等，其中，砂轮的使用量最大，适应面最广。砂轮是用磨料和结合剂按一定的比例制成的圆形固结磨具，品种繁多，规格齐全，尺寸范围很大。由于砂轮的磨料、粒度、结合剂、硬度及组织不同，砂轮的特性差异很大，对磨削质量及生产率亦有很大影响。磨削时，应根据加工条件选择相适应特性的砂轮。

1.砂轮参数

（1）磨料

磨料在砂轮中担负切削工作，因此，磨料应具备很高的硬度、一定的强韧性以及一定的耐热性及热稳定性。目前生产中使用的几乎均为人造磨料，主要有刚玉类、碳化硅和高硬磨料类。

刚玉类除上述两种外，还有玫瑰红（或等红）色的铬刚玉（PA）、浅黄（或白）色的单晶刚玉（SA）、棕褐色的微晶刚玉（MA）及黑褐色的锆刚玉（ZA）等性能均好于白刚玉。单晶、微晶刚玉有良好的自锐性，适于加工不锈钢及各种铸铁；铬刚玉适于加工淬火钢。碳化硅类除上述两种外，还有灰黑色的碳化硼（BC），它的硬度高于C及GC，耐磨性好，适合加工硬质合金、宝石、玉石、陶瓷和半导体材料等。

（2）粒度

粒度是指磨料颗粒的大小。按颗粒尺寸大小可将其分为两类：一类为用筛选法来确定粒度号的较粗磨料，称磨粒，以其能通过每英寸长度上筛网的孔数作为粒度号，粒度号越大，磨粒的颗粒越细；另一类为用显微镜测量区分的较细磨料，称微粉，以实测到的最大尺寸作为粒度号，故粒度号越小，磨粒越细。微粉用粒度号前面加字母"W"表示。

选择磨料粒度时，主要考虑具体的加工条件。如粗磨时，以获得高生产率为主要目的，可选中、粗粒度的磨粒；精磨时，以获得小表面粗糙度为主要目的，可选细粒或微粒磨粒；磨削接触面积大及加工高塑性工材时，为防止磨削温度过高而引起表面烧伤，应选中粗磨粒；为保证成形精度，应选细磨粒。

（3）结合剂

结合剂起黏结磨粒的作用，它的性能决定了砂轮的强度、耐冲击性、耐腐蚀性和耐热性，同时对磨削温度、磨削表面质量也有一定的影响。

（4）硬度

砂轮硬度指在磨削力作用下磨粒从砂轮表面脱落的难易程度。磨粒黏结牢固，砂粒不易脱落，砂轮则硬，反之则软。

砂轮的硬度对磨削生产率和磨削表面质量都有很大影响。若砂轮太硬，磨粒钝化后仍不脱落，磨削效率低，工件表面粗糙并可能烧伤；若砂轮太软，磨粒尚未磨钝即脱落，砂轮损耗大，不宜保持廓形而影响工件质量。只有硬度合适，磨粒磨钝后因磨削力增加而自行脱落，新的锋利磨粒露出，使砂轮具有锐性，即可提高磨削效率和工件质量，并减小砂轮损耗。故生产中应根据具体加工条件进行砂轮硬度的合理选择。一般加工硬工件材料，应选软砂轮，反之选硬砂轮；反之加工有色金属等很软的材料，为了防止砂轮堵塞，则选软砂轮。磨削接触面积大，或磨削薄壁零件及导热性差的零件时，选软砂轮。精磨、成形磨时，选硬砂轮。磨粒较细，选较软的砂轮。

（5）组织

砂轮组织指磨料、结合剂和气孔三者的体积比例关系，用来表示砂轮结构紧密或疏松的程度。按照磨粒在砂轮中占有的体积百分数，砂轮组织可分为0～14组织号。砂轮组织号大，组织松，砂轮不易堵塞，切削液和空气能被带入磨削区域，可降低磨削温度，减少工件热变形和烧伤，也可提高磨削效率。但疏松的组织不易保持砂轮廓形，会影响成形磨削精度，表面也会粗糙。

为满足磨削接触面积大或薄壁零件，以及磨削软而韧（如银钨合金）或硬而脆（如硬质合金）材料的要求，在14组织号以外，还研制出了更大气孔的砂轮。它在砂轮工艺配方中加入了一定数量的精萘或炭粒，经焙烧后挥发而形成大气孔。

2.砂轮形状、尺寸

为适应在不同类型的磨床上加工各种形状和尺寸工件的需要，砂轮有许多形状和尺寸。

砂轮的标志印在砂轮端面上，其顺序是形状、尺寸、磨料、粒度号、硬度、组织号、结合剂和最高线速度。如标记"1-600×75×202-WA54Y8B-60"指平形砂轮，外径600mm，厚度75mm，孔径202mm，白刚玉，粒度号为54$^\#$，超硬硬度，8组织号，树脂结合剂，最高工作线速度为60m/s。

（二）磨削过程及其特征

1.磨料特点

砂轮上的磨料形状很不规则又各不相同，而砂轮由无数个形状各异的磨粒所组成，从磨粒的工作状态看，存在三个主要问题：

（1）工作中的磨粒具有很大的负前角。磨粒为不规则多面体，不同粒度号磨粒的顶尖角多为90°～120°，在砂轮表面很难获得正值前角，而经过修整的砂轮，磨粒前角更小，可达-85°～-80°。

（2）磨粒存在较大的钝圆半径r_β。磨粒不可能像其他普通刀具一样，通过刃磨获得小的刃口圆弧半径，即锋利的刃口。

（3）磨粒在砂轮表面所处位置高低不一，磨粒很难在砂轮表面等高地整齐排列。

2.磨削过程

由于砂轮上担负切削工作的磨粒有着鲜明的特点，使得磨削过程不同于其他切削方法。单个磨粒的典型磨削过程可分为三个阶段。

（1）滑擦阶段

磨粒切削刃与工件接触的开始，因切削厚度较小，磨粒较钝，磨粒无法从工件表面切下切屑，而只能从工件表面滑擦而过，使工件只产生挤压弹性变形，此为滑擦阶段。该阶段以磨粒与工件间的摩擦为主。

（2）刻划阶段

随着磨粒在工件表面的深入，磨粒对工件的挤压严重，使工件表面产生塑性变形，磨粒前方的金属向两边流动而隆起，中间则被耕犁出沟槽，此为耕犁、刻划阶段。该阶段以磨粒与工件间的挤压塑性变形为主。

（3）切削阶段

随磨粒在工件表面的进一步深入，切削厚度不断增大，挤压变形进一步增加，工件表层余量产生剪切滑移，此为切削阶段。该阶段以磨粒在工件表层的切削作用为主。

由单个磨粒的切削过程可知，磨粒从工件上切下切屑前经过了滑擦、刻划阶段，而砂轮上磨粒的高低位置不同，位置较低的磨粒，无法切入工件较大深度，更无法经历切削阶段，无法切下切屑，而只能在工件表面滑擦和刻划，更低磨粒会无缘刻划，只与工件表面滑擦而过。由此可知，磨削过程是个包含切削、刻划及滑擦作用的复杂过程，并且，滑擦、刻划在其中占有很大的比重，同时使磨削表面成为切削、刻划及滑擦作用的综合结果。

3.磨削力与磨削阶段

磨削过程中的磨削力亦可分解成三个互相垂直的分力：切向力、径向力和轴向力。由于磨削时的切削厚度很小，磨粒的负前角、刃口钝圆半径较大，切削中的挤压非常严重，加之不少的磨粒只在工件表面滑擦和刻划，加剧了磨粒对工件表面的挤压，使磨削中的径向分力很大而超过主切削力（切向力），甚至达到切向力的2～4倍。

磨削中，由于大的径向力的作用，使加工工艺系统产生径向弹性变形，导致实际磨削深度与每次径向进给量产生差异，同时，磨削过程中出现三个不同的阶段。

（1）初磨阶段

由于工艺系统在径向力下的弹性变形，在砂轮最初的几次径向进给中，实际磨削深度比磨床刻度显示的径向进给量要小，且工艺系统刚性越差，初磨阶段越长，为提高生产效率，开始磨削时可增大径向进给量，以缩短初期阶段。

（2）稳定阶段

随径向进给次数的增加，工艺系统弹性变形抗力也随之增加，当工艺系统弹性变形抗力达到径向磨削力时，实际磨削深度与径向进给量一致。

（3）清磨阶段

当磨削余量即将去完，径向进给运动停止时，由于工艺系统的弹性变形随径向力的减小逐渐恢复，使实际径向磨削量并不为零，而只是逐渐减小。所以，在无切入的情况下，增加清磨次数，使磨削深度逐渐减小到零，可使工件加工精度和表面质量逐渐提高。

4.磨削热与磨削温度

磨削时，由于磨削速度很高，磨粒钝，磨削厚度小，挤压变形严重，磨削时的耗功远高于车、铣等加工方法（为车、铣的10～20倍），磨粒与工件表面间的摩擦严重，磨削时会产生大量的热，而砂轮的导热性能很差，很短时间（1～2ms）内就会在磨削区形成高温。

磨削区不同位置的温度并不相同。磨削点（磨粒切削刃与工件，磨削接触点）的温度很高，可达1 000℃～1 400℃，虽维持高温时间不长（约5ms），但它不仅会影响加工表面质量，亦会影响磨粒的磨损状况以及切屑熔着现象。磨削区（砂轮与工件接触面）的平均温度（即通常所说磨削温度）在400℃～1 000℃，它是造成磨削表面烧伤、残余应力裂纹的原因。

5.磨削表面质量

磨削区的高温使磨削表面层金属产生相变，导致其硬度、塑性发生变化，这种变质现象称为表面烧伤。高温的磨削表面生成一层氧化膜，氧化膜的颜色决定于磨削温度和变质层深度，所以可根据表面颜色推断磨削温度和烧伤程度。如淡黄色为400℃～500℃，烧伤层较浅；紫色为800℃～900℃，烧伤层较深。轻微的烧伤通过酸洗即可显示出来。

磨削区的高温还可使磨削表面因热塑性变形而产生残余拉应力，而残余拉应力的作用又易造成被磨削表面出现裂纹。

表面烧伤与裂纹都会因损坏了零件表面组织而恶化表面质量，降低零件的使用寿命。因此，磨削中减少磨削热的生成和加速磨削热的传散，控制磨削温度非常重要。一般可采取如下措施：

（1）合理选择砂轮

砂轮硬度软，有利于磨粒更新，减少磨削热生成；组织疏松、气孔大，有利于散热；树脂结合剂砂轮退让性好，可减小摩擦。

（2）合理选择磨削用量

磨削时砂轮切入量、砂轮速度的提高，都会使摩擦增加、耗功增多；而提高工件圆周进给速度和工件轴向进给量，均可使砂轮、工件接触减少，改善散热。

（3）采取良好的冷却措施

选用冷却性能好的冷却液、采用较大的流量及选用冷却效果好的冷却方式，如喷雾冷却等均可有效地控制磨削温度，有利于提高磨削表面质量。

6.砂轮的磨损与修整

（1）砂轮的磨损

砂轮工作一定时间后，也会因钝化而丧失磨削能力。造成砂轮钝化的原因主要有：磨粒在磨削中高温高压及机械摩擦的作用下被磨平而钝化；磨粒因磨削热的冲击而在热应力下破碎，磨粒在磨削力的作用下脱落不均而使砂轮轮廓变形；磨粒在磨削中的高温高压下嵌入砂轮气孔而使砂轮钝化。

砂轮磨损后，会使工件的磨削表面粗糙、表面质量恶化、加工精度降低、外形失真，还会引起振动和发生噪声，此时，必须及时修整砂轮。

（2）砂轮修整

砂轮修整方法主要有单颗（或多颗）金刚石车削法、金属滚轮挤压法、碳化硅砂轮磨削法和金刚石滚轮磨削法等多种。金刚石滚轮修整效率高，一般用于成形砂轮的修整；金属挤轮、碳化硅砂轮修整一般亦用于成形砂轮；车削法修整是最常用的方法，用于修整普通圆柱形砂轮或型面简单、精度要求不高的仿形砂轮。

车削法修整是用单颗金刚石或多颗细碎金刚石笔、金刚石粒状修整器（金刚石不经修磨，直用至消耗完）做刀具对砂轮进行车削的方法。用单颗金刚石笔修整时，应按具体要求合理选择修整进给量和修整深度，方能达到修整目的。

当修整进给量小于磨粒平均直径时，砂轮上磨粒的微刃性好，砂轮切削性能好，工件表面粗糙度小。但当修整进给量很小时，修整后的砂轮磨削时生热多，易使工件表面出现烧伤与振纹。因此，粗磨和半精磨时，为防止烧伤，可采用较大的砂轮修整进给量。砂轮修整深度过大，则会使整个磨粒脱落和破碎、砂轮磨耗增大，同时砂轮不易修整平整。

四、磨削加工常用附件及夹具

（一）内、外圆磨削常用附件与夹具

外圆磨削时，常用一端夹持或两端顶持的方式装夹工件，故三爪卡盘、四爪卡盘、心轴、顶尖、花盘等为外圆磨削时的常用附件及夹具。对顶安装工件时，磨削前应对工件中心孔进行修研。修研工具一般采用四棱硬质合金顶尖。内圆磨削时，亦要求工件被加工孔回转中心与机床主轴回转中心一致，故三爪卡盘等亦常用于内圆磨。内、外圆磨削时，也可采用专用夹具夹持工件，该类夹具大多为定心夹具。

（二）平面磨削常用附件及夹具

平面磨削时，常用的附件有磁性吸盘、精密平口钳、单向（双向）电磁正弦台、正弦精密平口钳和单向正弦台虎钳等。

磁性吸盘比平口钳有更广的平面磨削范围，适合于扁平工件的磨削。

精密平口钳装在磁力工作台上，经校正方向后可用于磨削工件垂直面或进行成形磨削。

五、先进磨削加工

近年来，随着机械产品精度、可靠性和寿命要求的不断提高，新型材料亦不断涌现，磨削加工技术也不断地朝着使用超硬磨料磨具，提高磨削精度、效率及磨削自动化的方向发展。

（一）高精度磨削

高精度磨削指精密、超精密及镜面磨削加工方法。精磨指工件加工精度达到IT6～IT5，表面粗糙度 Ra 值为 0.4～0.1μm 的磨削加工方法；超精磨是指精度达 IT5，表面粗糙度 Ra 值为 0.1～0.02μm 的磨削方法；而强调表面粗糙度 Ra 值在 0.01μm 以下，表面光滑如镜的磨削方法为镜面磨削。提高磨削表面精度与光度的关键在于用砂轮表面上大量等高的磨粒微刃均匀去除工件表面极薄磨屑以及大量半钝化的磨粒在清磨阶段对磨削表面滑擦、抛光的综合作用。因此，实现高精磨削，应创造以下几方面条件：

（1）具有高几何精度、高横向进给精度及低速稳定性好的精密机床。机床应具备高

精密度主轴、导轨及微进给机构。

（2）采用细粒度或微粉的砂轮。精磨时采用细于100#的磨粒；超精磨采用细于240#的磨粒或磨粉。

（3）进行精细的砂轮修整。

（4）选择合理的磨削用量，随精度提高，磨削深度、厚度越来越小，光磨次数越来越多。

（5）良好的工艺条件。精磨前，工件需要粗磨，超精磨前须经精磨，超精磨后方可进行镜面磨。另外，还需要良好的磨削环境和高效的冷却方式。

（二）高效磨削

1.高速磨削

高速磨削是通过提高砂轮线速度来达到提高磨削效率和磨削质量的工艺方法。一般砂轮线速度达60～120m/s时属高速磨削，线速度达150m/s以上时为超高速磨削。

高速磨削有以下优点：在单位时间内磨除率一定时，随砂轮线速度的提高，磨粒切削厚度变薄，单个磨粒负荷减轻，砂轮耐用度提高；磨削速度的提高使磨屑形成时间缩短，变形层变浅，隆起减小，表面粗糙度减小，工件表面质量提高；因变形减小而使磨削力减小，工艺系统变形减小，加工精度提高；随着砂轮速度提高，由磨屑带走的热量增加，而使磨削温度下降，避免工件烧伤。若保持磨粒的切削厚度一定，则随砂轮速度提高，单位时间内磨除率增加，生产率提高。

实现高速磨削须突破砂轮回转破裂速度的限制，以及磨削温度高和工件表面烧伤的制约。而高速磨削时的安全防护措施亦极为重要，机床上必须设置砂轮防护罩，以防砂轮破坏对人员和设备的伤害。

目前，高速磨削技术主要应用在CBN砂轮、高性能CNC系统和精密微进给机构，对阶梯轴、曲轴等外圆表面进行高效高精加工及对硬脆材料和难加工材料进行磨削。

2.砂带磨削

砂带磨削是指用高速运动的砂带作磨削工具，对各种表面进行磨削。砂带是将磨料用黏结剂黏结在柔软基体上的涂附磨具，磨粒经高压静电植砂后，单层均匀直立于基体表面。砂带磨削有以下特点：

（1）生产率提高。砂带上磨粒锋利，投入磨削的砂带宽，磨削面积大，生产率为固结砂轮的5～20倍。

（2）磨削温度低，加工质量好。砂带上磨粒锋利，生热少，砂带散热条件好。砂带对振动有良好的阻尼特性，使磨削速度稳定。

（3）磨削耗能低。砂带质量轻，高速转动惯性小，功率损失小。

（4）砂带柔软，能贴住成形表面进行磨削，故适应于各种复杂型面的磨削。

（5）砂带磨床结构简单，操作安全。

（6）砂带消耗较快，且砂带磨削不能加工小直径孔、盲孔，也不能加工阶梯外圆和齿轮。

3. 蠕动磨削

蠕动磨削是指大切深缓进给磨削。其磨削深度较大，可达30mm；工作台进给缓慢，为3～300mm/min；加工精度达到IT7～IT6；表面粗糙度值小于Ra 1.6μm，并能产生表面残余压力，提高表面质量；金属磨除率是普通平面磨削的100～1 000倍，使粗、精加工一并完成，以获得以磨代铣的效果。

由于蠕动磨削过程中总磨削力大，砂轮与工件接触弧内的温度高，因此实现蠕动磨削须具备以下三方面条件：一是具有很高静刚度和动刚度的大功率机床；二是砂轮应为较软的大气孔砂轮；三是具备高压、大流量的冷却冲洗系统。

蠕动磨削的加工质量好，切深大，可避免在工件表面的污染层或硬化层上滑擦，使所用砂轮可更长久地保持轮廓外形的精度，故蠕动磨削比较适合于磨削成形表面或进行沟槽加工，尤其是对高硬、高强材料（如不锈钢、钛合钢及耐热合金等）的磨削加工，如采用蠕动磨削加工钛合金压气机叶片。

第五节　其他常规加工方法

刨床类机床的主运动是刀具或工件所做的直线往复运动，刨削中刀具向工件（或工件向刀具）前进时切削，返回时不切削并抬刀以减轻刀具损伤和避免划伤工件加工表面，与主运动垂直的进给运动由刀具或工件的间歇移动完成。插削加工是在插床上进行的，插削也可看成是一种"立式"的刨削加工，工件装夹在能分度的圆工作台上，插刀装在机床滑枕下部的刀杆上，可伸入工件的孔内插削内孔键槽、花键孔、方孔、多边形孔，尤其是能加工一些不通孔，或有障碍台阶的内花键槽。拉削加工是在拉床上用拉刀作为刀具的切削加工。钳工是以手工操作为主的方法进行工件加工、产品装配及零件（或机器）修理的一个工种，它在制造及修理工作中有着十分重要的作用。光整加工是指获得比磨削等精加工还好的加工精度和表面质量（表面粗糙度值在Ra 0.2μm以下）的一些加工方法，常用的光整加工方法有超精加工、珩磨、研磨、滚压加工、抛光等。

一、刨（插）削加工

（一）刨削加工的应用及特点

刨削是指在刨床上利用刨刀与工件在水平方向上的相对直线往复运动和工作台或刀架的间隙进给运动实现的切削加工。刨削主要用于水平平面、垂直平面、斜面、T形槽、V形槽、燕尾槽等表面的加工。若采用成形刨刀、仿形装置等辅助装置，它还能加工曲面齿轮、齿条等成形表面。

与其他加工方法相比，刨削加工有以下特点：刨床结构简单，调整操作方便；刨刀形状简单，易制造、刃磨、安装；刨削适应性较好，但生产率不高（回程不切削，切出、切入时的冲击限制了用量的提高）；刨削加工精度中等，一般刨削加工精度可达IT9 ~ IT8，表面粗糙度可达 $Ra\,3.2\mu m$。

（二）刨床

刨床类机床的主运动是刀具或工件所做的直线往复运动（刨床又被称为直线运动机床），刨削中刀具向工件（或工件向刀具）前进时切削，返回时不切削并抬刀以减轻刀具损伤和避免划伤工件加工表面，与主运动垂直的进给运动由刀具或工件的间歇移动完成。

刨床类机床主要有龙门刨床和牛头刨床两种类型。

牛头刨床的外形由刀架、转盘、滑轮、床身、横梁及工作台组成。主运动由刀具完成，间歇进给运动由工作台带动工件完成。牛头刨床按主运动传动方式有机械和液压传动两种。机械传动采用曲柄摇杆机构最常见，此时，滑轮往复运动速度均为变值。该机构结构简单，传动可靠，维修方便，故应用很广。液压传动时，滑轮往复运动为定值，可实现六级调速，运动平稳，但结构复杂、成本高，一般用于大规格牛头刨床。牛头刨床上适合加工中、小型零件。

龙门刨床的外形由左右侧刀架、横梁、立柱、顶梁、垂直刀架、工作台和床身组成。龙门刨床的主运动是由工作台沿床身导轨做直线往复运动完成；进给运动则由横梁上刀架横向或垂直移动（及快移）完成；横梁可沿立柱升降，以适应不同高度工件的需要。立柱上左、右侧刀架可沿垂直方向做自动进给或快移；各刀架的自动进给运动是在工作台完成一次往复运动后，由刀架沿水平或垂直方向移动一定距离，直至逐渐刨削出完整表面。龙门刨床主要应用于大型或重型零件上各种平面、沟槽及各种导轨面的加工，也可在工作台上一次装夹数个中、小型零件进行多件加工。

（三）刨床常用附件

刨削加工时的常用附件有平口钳、压板、螺栓、挡铁、角铁等。

（四）宽刃刨削

宽刃刨削是指采用宽刃精刨刀，以较低的切削速度（2～5m/min）、较小的加工余量（预刨余量0.08～0.12mm，终刨余量0.02～0.05mm），使工件获得较高的加工精度（直线度0.02/1 000）、较低的表面粗糙度（Ra 0.8～0.2μm）及发热变形小的平面加工方法。宽刃刨削有较高的生产率，故目前普遍采用宽刃刀精刨代替刨研，能取得良好的效果。

（五）插削

插削加工是在插床上进行的，插削也可看成是一种"立式"的刨削加工，工件装夹在能分度的圆工作台上，插刀装在机床滑枕下部的刀杆上，可伸入工件的孔内插削内孔键槽、花键孔、方孔、多边形孔，尤其是能加工一些不通孔或有障碍台阶的内花键槽。

二、拉削加工

拉削加工是在拉床上用拉刀作为刀具的切削加工。

（一）拉床

拉床的主运动为刀具的直线运动，进给运动由刀具的结构完成，故拉床应为典型的直线运动机床。按用途，拉床有内拉床、外拉床之分；按布局，拉床又有卧式、立式、链条式、转台式等类型。拉削中所需拉力较大，故拉床的主参数为机床的最大额定拉力。如L6120型卧式内拉床的最大额定拉力为20t。卧式内拉床用于内表面加工，加工时，工件端面紧靠在工件支承座的平面上（或用夹具安装），护送夹头支承拉刀并让拉刀穿过工件预制孔将其柄部装入拉刀夹头，由机床内液动力拉动拉刀向左移动，对工件进行加工。

立式内拉床可用拉刀或推刀加工工件内表面。用拉刀时，工件的端面支靠在工作台上平面，拉刀由滑座上支架支承，并让其自上而下穿过工件预制孔及工作台孔至柄部夹持于滑座支架，滑座带动拉刀向下移动，完成加工。采用推刀时，推刀支承于上支架，自上而下移动进行加工。

立式外拉床上的滑块可沿床身的垂直导轨移动。外拉刀固定于滑块，滑块向下移动，完成对安装于工作台上夹具内工件外表面的加工。工作台可做横向移动，以调整切削深度，并用于刀具空行程时退出工件。

（二）拉刀

1.拉刀组成

以圆孔拉刀为例，其组成如下：柄部用于夹持拉刀、传递动力，其结构应适应于机床上的拉刀夹头；颈部能使拉刀穿过工件预制孔，使柄部顺利插入夹头，还可打标记；过渡锥可使拉刀易于进入工件预制孔并能对准中心；前导部用于引导拉刀的切削齿正确进入工件孔，并防止刀具进入孔后发生歪斜，同时可检查预制孔尺寸；切削部用于切削工件，它由粗切齿、过渡齿和精切齿组成；校准部用以校正孔径、修光孔壁，还可作为精切齿的后备齿；后导部可防止拉刀离开前工件下垂而损坏已加工表面；后托柄用于支承大型拉刀，以防拉刀下垂。

2.拉刀结构参数

拉刀重要的结构参数包括齿升量、刀齿直径、齿距及齿形等。

（1）齿升量

拉刀齿升量为前后相邻两刀齿（轮切式拉刀为两组刀齿）的高度差。当齿升量取值较大时，切下全部余量所需拉刀齿数不多。拉刀长度短，易制造，生产率高；但拉削力加大，拉刀容屑空间相应增大，拉刀强度下降，拉削后表面粗糙度较大。当齿升量取值较小时，切削厚度小，刀齿难切并有严重的刮挤现象，刀齿磨损加剧，刀具耐用度低，同时加工表面恶化。一般地，在拉刀强度许可的条件下，粗切齿可尽量多切（约去除全部余量的80%）；精切齿为保证质量，齿升量取小值（约总余量的10%）；过渡齿在10%余量范围内逐渐减小齿升量；校准齿没有齿升量。

（2）刀齿直径

拉刀第一齿直径应等于工件预孔直径，以防工件预孔偏小而使刀齿负荷过大而损坏。最后一个刀齿直径应等于校准齿直径。中间各齿直径依齿升量不同递增。

（3）齿距与齿形

齿距取大可满足拉刀全封闭式切削的容屑要求，但使同时工作齿数减少，工件平稳性下降；拉刀加长，难制造。因此，齿距取值应根据容屑空间大小、拉刀总长等因素综合考虑，同时还要与齿形相配合，满足拉刀工作与制造的要求。

（三）拉削过程及特点

拉削过程中，只有拉刀直线移动做主运动，进给运动依靠拉刀上的带齿升量的多个刀齿分层或分块去除工件上的余量来完成。拉削的特点如下：

1.拉削的加工范围广

拉削可以加工各种截面形状的内孔表面及一定形状的外表面。拉削的孔径一般为

8 ~ 125mm，长径比一般不超过5。但拉削不能加工台阶孔和盲孔，形状复杂零件上的孔（如箱体上的孔）也不宜加工。

2.生产率高

拉削时，拉刀同时工作的齿数多，切削刃长，且可在一次工作行程中完成工件的粗、精加工，机动时间短，获得的效率高。

3.加工质量好

拉刀为定尺寸刀具，并有校准齿进行校准、修光；拉削速度低（$v_c = 2 ~ 8m/min$），不会产生积屑瘤；拉床采用液压系统，传动平稳，工作过程稳定。因此，拉削加工精度可达IT8 ~ IT7级，表面粗糙度Ra值达1.6 ~ 0.4μm。

4.拉刀耐用度高，使用寿命长

拉削时，切削速度低，切削厚度小，刀齿负荷轻，一次工作过程中，各刀齿一次性工作，工作时间短，拉刀磨损慢。拉刀刀齿磨损后，可重磨且有校准齿作为备磨齿，故拉刀使用寿命长。

5.拉削容屑、排屑及散热较困难

拉削属封闭式切削，若切屑堵塞容屑空间，不仅会恶化工件表面质量，损坏刀齿，严重时还会拉断拉刀。切屑的妥善处理对拉刀的工作安全非常重要，如在刀齿上磨分屑槽可帮助切屑卷曲，有利于容屑。

6.拉刀制造复杂、成本高

拉刀齿数多，刃形复杂，刀具细长，制造难，刃磨不便；一把拉刀只适应于加工一种规格尺寸的孔、槽或型面，故制造成本高。

综上，拉削加工主要适用于大批大量生产和成批生产。

三、钳工

钳工是以手工操作为主进行工件加工、产品装配及零件（或机器）修理的一个工种。它在制造及修理工作中有着十分重要的作用：完成加工前的准备工作，如毛坯表面的清理、划线等；某些精密零件的加工，如制作样板及工具、工装零件、刮配、研磨；有关表面产品的组装、调整、试车及设备的维修；零件在装配前进行的钻孔、铰孔、攻螺纹、套螺纹及装配时对零件的修整等；一些不能或不适合机械加工的零件也常由钳工来完成。

钳工的主要工艺特点是工具简单，制造、刃磨不便；大部分为手持工具进行操作，加工灵活、方便；能完成机械加工不方便或难以完成的工作；劳动强度大，生产率低，对工人技术水平要求高。

钳工常用的设备包括钳工工作台、台虎钳、钻床等。钳工的基本操作有划线、锯切、錾削、锉削、钻（扩、铰）孔、攻（套）螺纹、刮削和研磨等，也包括机器的装配、调试、修理及矫正、弯曲、铆接等操作。

（一）划线

划线是根据零件图纸要求，在毛坯或半成品上划出加工界线的操作。其目的是：确定工件上各加工面的加工位置，作为工件加工或安装的依据；及时发现和处理不合格毛坯，以免造成更大浪费；补救毛坯加工余量的不均匀，提高毛坯合格率；在型材上按划线下料，可合理使用材料。

划线用工具包括：用于支承的平板、方箱、V形架、千斤顶、角铁及垫铁等；用于划线的划针、划卡、划线盘、划规、样冲等；用于测量的钢直尺、高度尺、90°角尺、高度游标尺等。

（二）锉削

锉削是用锉刀对工件表面进行的操作。

锉刀是用于锉削的工具，它由锉身（工作部分）和锉柄两部分组成。锉削工作是由锉面上的锉齿完成的。

（三）刮削

刮削是用刮刀从工件表面上刮去很薄一层金属的手工操作，是钳工的精加工方法。经刮削的表面加工精度高，表面粗糙度小。由于刮削时，刮刀对工件表面的挤压所造成的冷塑变形，可在加工表面形成一定的硬化层及残余压应力，刮削所形成的刮花有利于润滑油的储藏，因此，刮削形成的表面不仅能提高与其他零件的接触面积和配合精度，还能改善零件运动性能和减少磨损，提高零件的使用寿命，同时还能增加零件的表面美观。

刮削中及刮削后的表面往往采用着色方法检验。

（四）矫正和弯曲

1. 矫正

消除金属材料不应有的弯曲、扭曲变形等缺陷的操作方法称矫正。钳工常在平台、铁砧或台虎钳上用手锤等工具，采用扭转、伸长、弯曲、延展等方法进行矫正，使材料恢复到要求的形状。矫正利用的是材料的塑性，所以矫正的材料是塑性较好的材料。矫正时，由于材料受到锤击产生冷加工硬化，故必要时可先进行退火处理，然后再进行矫正。

2. 弯曲

将管子、棒材、条料或板料等弯成所需曲线曲面形状或一定角度的加工方法称弯曲。弯曲的机理是材料产生塑性变形，因此只有塑性好的材料才能弯曲。弯曲过程中，材料产生塑性变形的同时，也有弹性变形，当外力去除后，工作弯曲部位要产生回弹性变形，将会影响工作质量。弯曲工件时，应对回弹变形因素加以考虑。

四、光整加工

光整加工是指获得比磨削等精加工还好的加工精度和表面质量（表面粗糙度值在 Ra $0.2\mu m$ 以下）的一些加工方法，常用的光整加工方法有超精加工、珩磨、研磨、滚压加工和抛光等。

（一）超精加工

超精加工是用装有细粒度、低硬度磨条（油石）的磨头，在较低压力下对工件实现微量磨削的光整加工方法。加工时，工件低速回转，加上磨头轴向进给及短行程低频往复振动，使每个磨粒在工件表面上的运动轨迹复杂而不重复（若不考虑磨头的轴向进给，则轨迹为余弦波曲线），从而对工件表面的微观不平进行修磨，使工件表面达到很高的精度和小的表面粗糙度。超精加工的工作过程经历了四个阶段：

1. 强烈切削阶段

超精加工在开始切削时，由于表面粗糙度较大，只有少数凸峰与油石接触，压力大，切削作用强烈，磨粒会因破碎、脱落而使切削刃更锋利，很快切去工件表面凸峰。

2. 正常切削阶段

随凸峰的磨平，油石与工件表面接触面积逐渐增大，压强减小，切削作用有所降低而进入正常切削阶段，工件表面变得平滑。

3. 微刃切削阶段

随加工的继续，磨粒慢慢变钝，切削作用越来越微弱，且细小的切屑嵌入油石空隙形成氧化物，油石产生光滑表面，对工件进行抛光，使工作表面呈现光泽。

4. 自停切削阶段

工件表面越来越光滑，工件表面与油石间形成连续的油膜，使切削过程自动停止，工件、油石不再接触。

超精加工中一般使用由80%的煤油、20%的全损耗系统用油配制而成的切削液，且使用时必须经过精细过滤。

超精加工因采用了细粒度磨条，故磨削余量很小（0.005 ~ 0.025mm）；加工中磨条的往复振动加长了磨粒单位时间内的切削长度，提高了生产率；由于运动轨迹复杂，并能由切削过渡至抛光，故可获得小的表面粗糙度，$Ra \leqslant 0.04 ~ 0.01\mu m$，同时，微刃的正反切削使形成的切屑易于清除，不会划伤已形成的高光表面；切削中磨头速度低（30 ~ 100m/min），磨条压力小，发热少，工件表面变质层浅（$0.25\mu m$），无烧伤，耐磨性好。但由于油石与工件为浮动接触，因此，工件的精度由前道工序保证。

超精加工所用设备简单，操作方便，适用于加工轴类零件的外圆表面，对平面、球面、锥面和内孔也适用。

（二）珩磨

珩磨是用由数根粒度很细的砂条（油石磨条）所组成的珩磨头，对零件上的孔进行的一种光整加工方法。珩磨加工时，珩磨头的运动形式如下：珩磨头上砂条在机床主轴带动下旋转并做往复直线运动，砂条向工件孔壁的径向加压运动。旋转与直线往复运动的组合，使珩磨头砂条在工件孔壁上形成交叉而不重复的网纹，径向加压则构成珩磨中的进给运动，从而使磨条从工件表面均匀地去除薄层余量。一般采用由煤油和少量全损耗系统用油配制而成的切削液，以便冲走切屑和磨粒碎末，冷却并润滑加工面，改善表面质量。

1.珩磨特点

珩磨可使工件获得IT5 ~ IT4级的加工精度，但不能提高位置精度。珩磨时，珩磨头的圆周速度低，砂条与孔接触面积大，往复运动速度大，参加工作的磨粒多，有较高的生产率。珩磨中的磨削力小，发热少，加工中充分冷却，工件不易烧伤，且变形层浅，切削液冲击脱落的磨粒，能使工件表面获得高光度，表面粗糙度为0.4 ~ 0.04μm。

2.珩磨应用

珩磨的生产率高于内圆磨，故一般用于大批量生产中精密孔系的终加工。珩磨的适应范围广，可加工Φ5 ~ Φ500mm孔，孔的长径比可达10以上；可加工铸铁、淬火或不淬火钢。如用于发动机的气缸孔和液压缸孔的精加工。但珩磨不宜加工软而韧的有色金属及其合金材料的孔，也不宜加工带键槽的孔和花键孔等断续表面。

（三）研磨

研磨是利用研具和工件间的研磨剂对工件表面进行光整加工的方法。研磨时，研具与工件间的研磨剂在一定压力下，部分磨粒被不规则地嵌入研具和工件表面，部分磨粒游离于研具、工件之间，研具与工件具有复杂的相对运动，通过研磨剂的机械及化学作用，研去工件表面极薄层的余量，从而获得很高的尺寸精度及极小的表面粗糙度。研磨一般可获得IT6 ~ IT4级的加工精度，形状精度高（圆度为0.003 ~ 0.001mm），表面粗糙度为 Ra 0.1 ~ 0.08μm，不能改善位置精度。研磨应用范围广，可用于外圆、内孔、平面、球面及螺纹、齿轮等复杂型面的加工。

1.研具

研磨所用的研具，其材料应比较软，若太硬，磨料不易嵌入，且易被挤到研具与工件之外，切削效率低，当磨软工件时，磨料还可能嵌入工件，恶化表面质量；研具材料亦不能太软，否则研具磨损快，很容易失去正确形状而影响研磨质量。研具材料还应组织均匀，有较好的耐磨性。常用的研具材料为铸铁（一般用于精研）和青铜。

2. 研磨剂

研磨剂由磨料加上煤油及全损耗系统用油等调制而成，有时还加入化学活性物质，其目的是在工件表面生成一层极薄的较软的化合物，以加速研磨进程。常用的研磨磨料有刚玉、碳化硅、金刚石等，粒度较细，粗研用$100^{\#} \sim 240^{\#}$或W40，精研用W14或更细的粒度。

3. 研磨方式

根据磨料是否嵌入研具有嵌砂研和无嵌砂研两种。有嵌砂研是将磨料直接加入到加工区直到嵌入研具（自由嵌砂）或在加工前将磨料挤压入研具（强迫嵌砂）；无嵌砂研指采用较软的磨料（如CrO_3）、较硬的研具（如淬火钢），磨粒不嵌入研具而处于自由状态。

根据操作方法又有手工研和机械研两种。手工研时，由人工推动研具相对于安装于机床做低速回转的工件做往复运动，其效率较低，且质量取决于工人技术水平。机械研在专用研磨机上进行，效率高且劳动强度小，适用于大批量生产。

（四）抛光

抛光是利用高速旋转的涂有抛光膏的抛光轮（用帆布或皮革、毛毡轮等）对工件表面进行光整加工的方法。抛光时，将工件压在高速旋转的抛光轮上，通过抛光膏中的化学作用使工件表面产生一层极薄的软膜，这就允许采用比工件材料软的磨料加工，且不致在工件表面留下划痕。因抛光轮转速很高，剧烈的摩擦使工件表层出现高温，表层材料被挤压而发生塑性流动，可填平表面的微观不平，而获得光洁表面。

抛光去除余量极其微弱（只去除工件表面的粗糙），不提高尺寸、形状及位置精度，只改善表面粗糙度（$Ra \leqslant 0.01\mu m$），且抛光不能保证切削均匀，故生产中常作为装饰镀铬前的准备工序。

（五）滚压加工

滚压加工是利用滚压工具在常温状态下对工件表面施加一定的压力，使金属表层产生变形，压平表面粗糙凸峰，使表面粗糙度减小（可从$Ra\ 3.2 \sim 1.6\mu m$减小至$Ra\ 0.2 \sim 0.04\mu m$）、加工精度提高（IT8 ~ IT7级）的无屑加工方法。同时，滚压还可改善表面物理力学性能，使表层产生残余压应力，提高零件的疲劳极限。滚压加工使用的设备工具简单，操作方便，生产效率也较高。

滚压加工主要对在常温下容易产生塑性变形的材料进行加工，如较软的钢件、铝合金、铜合金及铸铁等。

五、螺纹加工

螺纹加工的方法很多，如车螺纹、梳螺纹、铣螺纹、攻螺纹、套螺纹、磨螺纹、研螺纹和滚压螺纹等。各加工方法均具有不同的特点，应根据零件图样上的技术要求进行合理选择。一般对直径较大的螺纹大多采用切削加工，而直径小且材料塑性好的螺纹，在批量较大的情况下，广泛采用滚压加工。

（一）车螺纹

车螺纹指采用螺纹车刀或螺纹梳刀在车床上加工螺纹。螺纹车刀是一种截形简单的成形车刀（含内、外螺纹及成形螺纹车刀），其结构简单，通用性好。但车螺纹生产率低，加工质量取决于工人技术水平和机床、刀具的精度，适用于单件、小批量生产。

螺纹梳刀实为螺纹车刀的组合，一般有6～8齿，并分平体、棱体、圆体三种结构形式。使用螺纹梳刀可在一次走刀中加工所需螺纹，生产率高于使用螺纹车刀。

（二）攻、套螺纹

采用丝锥在孔壁上加工内螺纹为攻丝；采用板牙在外圆柱面上加工螺纹为套丝。攻、套螺纹可在车床、钻床、铣床上机动完成，也可由钳工手动完成。

丝锥、板牙结构简单，使用方便。丝锥的加工精度高，生产率高，生产中应用广泛；板牙为内螺纹表面，刃磨难，且无法消除热处理变形，故加工质量不高，板牙寿命也短，故主要用于单件、小批量生产。

（三）铣螺纹

铣螺纹指采用螺纹铣刀在铣床上利用分度头与机床纵向进给运动的联系使工件连续转动，从而加工螺纹。螺纹铣刀又有盘形和梳形两种，前者用于加工大螺距的梯形或矩形传动螺纹；后者则用于加工普通螺纹。铣螺纹生产率高，但加工质量差。

（四）磨螺纹

采用单线或多线砂轮磨削工件的螺纹为磨螺纹。它是螺纹精加工的主要方法之一，常用于加工螺纹量规和螺纹刀具等。

（五）滚压螺纹

用一对螺纹滚轮滚轧出工件的螺纹，称滚压螺纹，滚压螺纹属无屑加工，它是利用某些金属材料在常温状态下的塑性变形来进行加工的。其生产率高，表面粗糙度小，适用于加工较软的钢料、有色金属及其合金零件上的连接螺纹。

（六）搓螺纹

用一对螺纹模板（搓丝板）轧制工件的螺纹称为搓螺纹。其工作原理及特点类似于滚压螺纹。但搓螺纹精度低于滚压螺纹，故主要用于大批量生产精度较低的紧固螺纹，不宜加工空心旋转体和直径小于3mm的螺纹。

（七）研螺纹

用螺纹研磨工具研磨工件的螺纹称为研螺纹。当螺纹精度要求很高时，磨削加工不能满足图样上的螺纹精度和表面粗糙度要求，则采用研磨或成对配研的方法来进行加工。研螺纹的加工精度可达IT4级，表面粗糙度 Ra 值为 $0.04 \sim 0.8\mu m$。研螺纹可在卧式车床或专用机床上进行。

螺纹的技术要求包括牙型精度、螺距精度、中径精度等。螺距、牙形半角及中径误差不仅会影响螺纹的旋入性，而且会影响螺纹的均匀性及紧密性等。螺纹的加工精度常用综合检测和单项测量来检验。成批生产中，常用螺纹的极限量规来检验普通螺纹。其通端环规检查外螺纹的作用中径和小径的最大极限尺寸，止端环规只检查外螺纹的单一实际中径是否超过最小极限尺寸；通端塞规检查内螺纹作用中径和大径的最小极限尺寸，止端塞规只检查内螺纹实际中径。单项检测每次只检查某一参数，主要用来测量螺纹刀具、螺纹量规及高精度的螺纹工件。一般用螺纹百分尺测量外螺纹中径。对于精度要求较高的螺纹可在工具显微镜上测量出中径、螺距和牙形半角等误差。

六、齿形加工

齿轮的加工方法有无屑加工和切削加工两类。无屑加工有铸造、热轧、冷挤、注塑及粉末冶金等方法。无屑加工具有生产率高、耗材少、成本低等优点，但因受材料性质及制造工艺等方面的影响，加工精度不高。故无屑加工的齿轮主要用于农业及矿山机械。对于有较高传动精度要求的齿轮来说，主要还是通过切削加工来获得所需的制造质量。

齿轮齿形的加工方法很多，按表面成形原理有成形法、展成法之分。成形法是利用刀具齿形切出齿轮的齿槽齿面；展成法则是让刀具、工件模拟一对齿轮（或齿轮与齿条）做啮合（展成）运动，运动过程中，由刀具齿形包络出工件齿形。按所用装备不同，齿形加工又有铣齿、滚齿、刨齿、磨齿、剃齿和珩齿等多种方法（其中铣齿为成形法，其余均为展成法）。

（一）铣齿

采用盘形齿轮铣刀或指状齿轮铣刀依次对装于分度头上的工件的各齿槽进行铣削的方法为铣齿。这两种齿轮铣刀均为成形铣刀，盘形铣刀适用于加工模数小于8的齿轮；指状齿轮铣刀适于加工大模数（$m = 8 \sim 40$）的直齿、斜齿轮特别是人字齿轮。铣齿时，齿形靠铣刀刃形保证。生产中对同模数的齿轮设计有一套（8把或15把）铣刀，每把铣刀适应该模数一定齿数范围内的齿形加工，其齿形按该齿数范围内的最小齿数设计，在加工其他齿数时会产生一定的误差，故铣齿加工精度不高，一般用于单件、小批量生产。

（二）滚齿

滚齿是用滚刀在滚齿机上加工齿形，滚齿过程中，刀具与工件模拟一对交错轴螺旋齿轮的啮合传动，滚刀实质为一个螺旋角很大（近似90°）、齿数很少（单头或数头）的圆柱斜齿轮，可将其视为一个蜗杆（称滚刀的基本蜗杆）。为使该蜗杆满足切削要求，在其上开槽（可直槽或螺旋槽）形成了众切削齿，又将各齿的齿背铲削成阿基米德螺线形成刀齿的后角，便构成滚刀。

滚齿的适应性好，一把滚刀可加工同模数、齿形角不同的齿轮；滚齿生产率高，切削中无空程，多刃连续切削；滚齿加工的齿轮齿距偏差很小，按滚刀精度不同，可滚切IT10 ~ IT7级精度的齿轮；但滚齿齿形表面粗糙度较大。滚齿加工主要用于直齿和斜齿圆柱齿轮及蜗轮的加工，不能加工内齿轮和多联齿轮。

（三）插齿

插齿是用插齿刀在插齿机上加工齿形，插齿过程中，刀具、工件模拟一对直齿圆柱齿轮的啮合过程，插齿刀模拟一个齿轮，为使其具备切削后角，插齿刀实际由一组截面变位齿轮（变位系数不等，由正至负）叠合而成；插齿刀的前面也可磨制出切削前角，再将其齿形做必要的修正（加大压力角）便成为插齿刀。插齿刀有盘形、碗形、自带锥柄三种类型。盘形插齿刀用于加工直齿外齿轮和大直径内齿轮；碗形插齿刀主要用于加工多联齿轮和带凸肩的齿轮；锥柄插齿刀主要用于加工内齿轮。

插齿加工齿形精度高于滚齿，齿面的表面粗糙度也小（可达$Ra\,1.6\mu m$），而且插齿适用范围广，不仅可加工外齿轮，还可加工滚齿所不能加工的内齿轮、双联或多联齿轮、齿条和扇形齿轮。但插齿运动精度、齿向精度均低于滚齿，生产率也因有空行程而低于滚齿。

（四）刨齿

刨齿是用齿条刨刀对齿形的加工，刨刀与工件模拟一对齿轮、齿条的啮合。刨刀是齿条上的两个齿磨出相应的几何角度而成，因而刨齿没有齿形误差。

（五）磨齿

磨齿是用砂轮（常用碟形）在磨齿机上对齿形进行加工。磨齿过程中，砂轮、工件模拟一对齿轮、齿条的啮合。齿轮模拟齿条上的两个半齿，故无齿形误差。

磨齿加工精度高，可达 IT6～IT4 级，表面粗糙度为 0.8～0.2μm，且修正误差的能力强，还可加工表面硬度高的齿轮。但磨齿加工效率低，机床结构复杂，调整困难，加工成本高，目前，磨齿主要用于加工精度要求很高的齿轮。

（六）剃齿

剃齿是由剃齿刀带动工件自由转动并模拟一对螺旋齿轮做双面无侧隙啮合。剃齿刀与工件的轴线交错成一定角度。剃齿刀可视为一个高精度的斜齿轮，并在齿面上沿渐开线齿向开了许多槽形成切削刃，剃齿旋转中相对于被剃齿轮齿面产生滑移分速度，开槽后形成的切削刃剃除齿面的极薄余量。

剃齿加工效率很高，加工成本低；对齿形误差和基节误差的修正能力强（但齿向修正的能力差），有利于提高齿轮的齿形精度；加工精度、表面粗糙度取决于剃齿刀，若剃齿刀本身精度高、刃磨质量好，加工齿轮就能达到 IT7～IT6 级精度，Ra 1.6～0.4μm 的表面粗糙度。剃齿常用于未淬火圆柱齿轮的精加工。

（七）珩齿

珩齿是一种用于淬硬齿面的齿轮精加工方法。珩齿时，珩磨轮与工件的关系类似于剃齿，但与剃齿刀不同。珩磨轮是一个用金刚砂磨料加入环氧树脂等材料做结合剂浇铸或热压而成的塑料齿轮。珩磨轮珩齿时，利用珩磨轮齿面众多的磨粒，以一定压力和相对滑动速度对齿形磨削。

珩磨时速度低，工件齿面不会产生烧伤、裂纹，表面质量好；珩磨轮齿形简单，易获得高精度齿形；珩齿生产率高，一般为磨齿、研齿的 10～20 倍；刀具耐用度高，珩磨轮每修正一次，可加工齿轮 60～80 件；珩磨轮弹性大、加工余量小（不超过0.025mm）、磨料细，故珩磨修正误差的能力差。珩齿一般用于减小齿轮热处理后的表面粗糙度值，可从 Ra 1.6μm 减小到 Ra 0.4μm 以下。

第六章　机械零部件及设备的修理

第一节　典型零部件的修理

一、机床导轨的修理

导轨的功用是承受载荷和导向，它承受安装在导轨上的运动部件及工件的重量和切削力。

运动部件沿导轨运动，长期使用会产生非均匀磨损，另外，由于导轨表面的不清洁和润滑不足等原因也会引起其局部磨损和研伤，结果会使导轨的精度下降。如果直线运动导轨的几何精度（导轨在竖直和水平平面的直线度、平面度和导轨面之间的平行度）超过有关机床精度标准规定，将会影响机床的工作精度，使加工质量下降，所以必须修理。导轨精度下降的程度是决定机床是否大修的一个重要因素。导轨修理是机床大修的一项重要内容。

（一）机床导轨的主要修理方法

目前机床的主要修理方法有以下两种：

1.机床导轨面局部损伤的修复

机床导轨局部表面出现较深的研伤、碰伤、划伤时，应及时修理以防止恶化。常用的方法有：

（1）焊接

例如，可采用黄铜丝气焊、银锡合金钎焊、锡铋合金钎焊、特制镍焊条电弧冷焊、锡基轴承合金化学镀铜钎焊等。

（2）粘补

使用黏结剂直接粘补导轨研伤，例如用 KH501.AR 系列机床耐磨黏结剂、HNT 耐磨涂料、合金粉末粘补剂等。

（3）电刷镀

机床导轨上出现局部凹坑时，可采用电刷镀修复。

2.机床导轨精度的修复

（1）刮研修复

采用刮刀人工修复导轨的精度。此种方法修复效果好，但劳动强度大，效率较低。

（2）机械加工修复

通常采用精刨和磨削的方法修复导轨的精度，效率高，修理效果较好，但需要专用设备，适合批量修复。

（二）机床导轨修理基准和刮研顺序的选择

1.修理基准的选择原则

（1）按照基准唯一的原则，首先应选用精度高、没有磨损和变形、不需要修理的主要作用面为基准。如以没有磨损的固定结合面或孔（主轴孔、丝杠轴承孔）为基准。

（2）如果基准不能唯一，需要进行基准转换时，必须考虑基准转换时所产生的误差。第一基准与修理面之间的误差应根据修理的难易，合理分配到第一基准与转换基准、转换基准与修理基准之间。第一基准面最好选需要分别转换的几个次级基准的公共面。

2.刮研顺序的选择

使用刮研技术修复磨损和研伤的机床导轨，虽然劳动强度大，但适应性强、精度高、去除金属少，所以目前仍然是一种常用的修理方法，甚至一些机床制造厂在生产高精度机床时仍采用刮研工艺。

选择刮研顺序时，首先考虑保证导轨副之间平行度及垂直度，在此基础上才能考虑尽量减少修理刮研量的问题，实际修理中可按下列原则选择刮研顺序：

（1）先刮与传动部件有关联、技术要求高的导轨面，后刮与传动部件无关联、技术要求较低的导轨面。

（2）先刮形状复杂的导轨面，后刮形状简单的导轨面。

（3）先刮加工困难的导轨面，后刮加工容易的导轨面。

（4）先刮长而面积大的导轨面，后刮短而面积小的导轨面。

（5）导轨副配刮时，一般先刮大工件，后配刮小工件；先刮刚性好的工件，后配刮刚性差的工件；先刮长导轨面，后配刮短导轨面。

（三）机床导轨面的修复方法

导轨的修复方法很多，一般有手工刮研和机械加工修复。手工刮研适用于高精度设备或无法采用机械加工的情况，机械加工修复导轨一般采用精刨、精磨和配磨等。

1.机床导轨刮研

经刮研后的机床导轨不但精度高、耐磨性好、储油条件好、表面美观，而且不需要大型设备，不受导轨结构的限制，故导轨的刮研方法在机床修理中的应用仍较广泛。

用刮研方法修复机床导轨时，需要多次测量，而测量所花费的时间很多。下面介绍几种减少测量次数的刮研方法：

（1）预选基准刮研法

预选基准刮研法是根据实测的导轨直线度误差曲线图确定导轨磨损的最低点，把它作为刮研的起点。从刮研起点位置开始，每隔一段固定距离做出标记，将等高垫块放在标记处，其上放置平行平尺，用框式水平仪测量出每一标记处的坐标值，根据标记点的坐标值，在每个标记处进行刮研，使每个标记处的小刮研面都处于同一水平面。以标记处的刮研面为基准面，通过平尺拖研对导轨分段进行粗刮。当导轨各段的刮研面与标记处的基准面同时与平尺接触时，整个导轨面就基本刮研平直。然后对整个导轨面进行精刮，使导轨面获得需要的表面质量。

在采用预选基准刮研法刮研时，标记点一般不少于4个点，标记间的距离一般应是平尺全长的5/9，标记处的刮研宽度一般选取60～80mm。

（2）平行导轨的三点刮研法

平行导轨的三点刮研法是采用先刮研基准的办法，使导轨间达到平行。

（3）平面导轨分段刮研法

平面导轨分段刮研法是测定出修刮平面导轨对基准的垂直度或平行度误差，找出最高处数值，将平面导轨划分为几段，逐段刮研。

以铣床床身导轨与主轴轴线垂直度误差的刮研为例，介绍采用分段刮研法修正一个平面，使其与另一平面或孔轴线垂直或平行的刮研法。

以主轴轴线为基准测量床身导轨与主轴轴线的垂直度误差，从而找出床身导轨最高处数值；将床身导轨面划分为几段，把分段表面的高低做上标记（估计需要刮几遍才能刮平，就在床身导轨面上划分几段）；先从高处开始，逐段刮研；最后将研点精刮至要求。

（4）垂直导轨拼装快速修复法

垂直导轨拼装快速修复法是在拼装时，若两相互垂直导轨的垂直度误差超差，可修刮相互垂直导轨的安装面以快速消除垂直度误差的一种方法。

以镗床立柱与床身导轨的拼装为例介绍垂直导轨拼装快速修复法。若镗床立柱导轨的直线度误差已合格，但拼装时发现立柱导轨与床身导轨的垂直度误差超差，可修刮立柱底面或床身上的立柱安装面，消除立柱与床身导轨垂直度误差。

2.机床导轨的机械加工

（1）导轨的精刨

机床导轨在精刨前，一般要进行预加工，以去除导轨表面的研伤、划伤、不均匀磨损或床身的扭曲变形，当表面粗糙度值 Ra 小于3.2μm时即可精刨。精刨后，加工表面粗糙

度 Ra 值一般可达 $0.80\mu m$，且精刨加工的刀痕是纵向的，与床身导轨运动方向一致，所以导轨的耐磨性好。精刨后再刮花，可增加表面美观且更利于储油。

（2）导轨面的磨削

导轨面的精加工以及淬硬导轨，目前普遍采用磨削工艺。

①磨削加工过程中可以实现微量进给，容易获得高的精度和小的表面粗糙度值。

②生产率比手工刮研高 5 ~ 15 倍，减轻了劳动强度，缩短了维修时间。

维修中常用的导轨面的磨削方式分为端面磨削和周边磨削。端面磨削是维修中应用最广泛的一种磨削方法，其所用的磨头结构简单，通用性好，而且对磨床精度要求也不是很高，但生产率较低，加工的表面粗糙度值比周边磨削大；周边磨削生产效率和精度都较高，但磨头结构复杂，要求磨床刚性好，通用性不如前一种方式。

二、丝杠螺母副的修理

丝杠螺母副是将旋转运动交换为直线运动的一种传动机构，在设备中有着广泛的应用。常用的有滑动丝杠螺母副和滚珠丝杠螺母副两种类型。

（一）滑动丝杠螺母副的修理和调整

滑动丝杠螺母副传动是一种常用的螺旋传动机构，它通过丝杠和螺母的螺旋表面传递运动和动力，适用于机床部件的升降和移动。其结构简单，加工方便，成本低，但摩擦大，容易磨损，而且丝杠与螺母之间存在间隙，影响传动精度，如果采取消隙措施又会增大摩擦。

1.主要失效形式及检查

滑动丝杠螺母副主要失效形式和检查方法有：

（1）丝杠的磨损

丝杠螺纹经常使用的部分磨损大，在全长上磨损不均匀，影响工作台或刀架的运动精度。可以通过测量丝杠螺距误差和螺距累积误差检查磨损情况，也可采用加工丝杠螺纹面恢复螺距精度，重新配制螺母的方法修复，不能修复的可更换新的丝杠螺母副。

（2）丝杠与螺母的间隙加大

滑动丝杠螺母副中的螺母一般由锡青铜或铸铁制成，磨损量比丝杠大。随着丝杠、螺母的不断磨损，丝杠与螺母的轴向间隙随之增大，影响运动部件运动的平稳性、增加反向运动误差。对于有消除间隙机构的螺纹传动副应及时调整间隙，对于无消除间隙机构的应更换螺母。

（3）丝杠弯曲

有些较长的丝杠经长时间使用会发生弯曲。丝杠弯曲会使传动运动阻力增加，影响运动部件运动的平稳性。检查时可用顶尖或等高V形架将丝杠两端支承起来，使用平头百分表靠在丝杠外圆表面转动丝杠，用百分表在丝杠不同轴向的位置检测，观察表针摆动，准确地测出丝杠的弯曲量。

（4）丝杠的轴向窜动超差

在机床精度标准中，对丝杠轴向窜动都有要求。使用百分表可以测出丝杠轴向窜动的数值，如果超差，需要检查丝杠端部轴承的磨损状况和轴承的紧固情况，然后根据情况调整或更换。

2.丝杠螺母副的修理

丝杠螺母副的修理，主要采取加工丝杠螺纹面恢复螺距精度，重新配制螺母的方法。

（1）丝杠的修理

丝杠的修理过程是先检查与校直丝杠，再精车螺纹和轴颈，最后研磨丝杠。普通丝杠的弯曲度超过0.1/1 000时（由于自重产生的下垂应除去）就要进行校直。经过测量和估算螺纹齿厚修后减小量，如果超过标准螺纹厚度的15%～20%，则该丝杠不能再用。

①丝杠的校直

丝杠的弯曲度超差一般都要进行校直。校直的方法主要有压弯校直法和锤击校直法。

压弯校直法是在测出丝杠弯曲的最高点和最低点并作标记之后，用V形架支承相邻最低点，用压力机下压最高点，下压时用力要恰当并适当超过平衡位置。如此反复，直到丝杠恢复直线度。

锤击校直法是将丝杠弯曲凸部朝下，用硬质斜木放在弯曲部分下面垫实，将丝杠垫起，将带有凹圆形头部的铜棒放在丝杠弯曲低点附近的螺纹小径上，然后用锤子敲击铜棒上端进行校直。

②精车螺纹和轴颈

对于未淬硬的丝杠，可在精度较好的车床上重新精车螺纹，将螺纹两侧面的磨损和损伤痕迹全部车去。其吃刀量可按下式计算：

$$h=\frac{b}{\sin\frac{\alpha}{2}}$$

（6-1）

式中：h——吃刀量；

　　　b——螺纹单面磨损厚度；

　　　a——螺纹牙型角。

修好螺纹面后，可精车大径，使其在全长上直径一致，并使螺纹达到标准深度。然后精车修复轴颈，以保证丝杠螺纹与轴颈的同轴度。

如果原丝杠精度要求较高，可先将丝杠两端中心孔修研好后，放到螺纹磨床上修磨螺

159

纹表面。

淬硬丝杠磨损的修复，应在螺纹磨床上进行。

丝杠支承轴颈的磨损可用电刷镀等方法修复，恢复原配合性质。

③丝杠的研磨

为了保证丝杠的修复质量，提高精度，精车后的螺纹表面可用专门制作的螺纹研磨套，在其内表面涂上一薄层研磨剂，进行研磨。

修复丝杠安装在车床两顶尖之间，由主轴带动旋转，用手扶住研磨套，不让它随丝杠旋转，而沿丝杠轴向移动。研磨套可用灰铸铁或中等硬度的黄铜制作。粗研和精研使用不同的研磨剂。如果丝杠齿廓两个工作面都要研磨，可采用双研磨套研磨。

（2）螺母的修理

一般情况下，修复后的丝杠均需要更换螺母。在更换螺母时，注意螺母的轴线位置。在修理过程中，由于尺寸链的变化，往往使丝杠与螺母轴线发生偏移，在加工新螺母时要重新设置螺母轴线位置以补偿其变化。另外，螺母的尺寸、牙型应按修复后的丝杠配制。配制的螺母与丝杠应保持合适的轴向间隙，旋转时手感松紧合适。采用双螺母消除间隙机构的丝杠副，其主、副螺母均应重新配制。

开合螺母修理，一般是与开合螺母体、溜板箱燕尾导轨的修理同时进行的。开合螺母先制成整体。其内螺纹应与修理后的丝杠尺寸配合，外径与开合螺母体内孔相配合。

修配开合螺母时，加工出其外径，内孔先不加工，与开合螺母体装配成一体；然后按照溜板箱燕尾导轨来研配开合螺母体的导轨及楔铁，连同开合螺母的手柄轴、开合螺母和开合螺母体一起装配在溜板箱上。根据距离光杠中心线的尺寸，在镗铣床上加工内螺纹小孔径。最后，在车床上校正开合螺母螺纹小径孔，精车内螺纹至要求。在做完上述工作之后，将开合螺母拆下，铣切为两个部分，再装配开合螺母机构。

（3）滑动丝杠螺母副间隙的调整

丝杠与螺母的配合间隙是保证其传动精度的主要因素，分径向间隙和轴向间隙两种。轴向间隙直接影响丝杠螺母副的传动精度，常采用消隙机构予以调整；径向间隙反映丝杠螺母副的配合精度，当径向间隙大于配合精度的要求时，应修丝杆，重新配制螺母。

①径向间隙的测量

径向间隙的测量方法是将百分表的测头抵在螺母上，轻轻抬动螺母，百分表指针的摆动量即为径向间隙值。径向间隙值越大，导致轴向间隙值也越大。

②轴向间隙的调整。

a.单螺母消隙机构

利用消隙机构所提供的力，使螺母和丝杠始终保持单向接触，在丝杠正、反转时无空行程以保证丝杠螺母副传动精度的方法。但必须注意消隙力与切削力的方向一致，以防止进给时发生爬行，影响进给精度。

b.双螺母消隙机构

双螺母消隙机构通过调整两个螺母的轴向相对位置，使左右两螺母各自单边接触，即与丝杆螺纹的左面和右面单边接触，以消除轴向间隙，同时实现预紧。

在调整间隙时，应一边摇动丝杠一边进行调整，调整后应达到以下标准：反向转动丝杠，在机床刻度盘上观察到的空程量不超过1/40r；同时，全长丝杠均应转动灵活，不得有卡涩现象。

（二）滚珠丝杠螺母副

滚珠丝杠螺母副是在丝杠与螺母之间装有适量的钢球，因此，具有摩擦力小、传动效率高、磨损小、寿命长，易于实现直线运动和旋转运动的转换，可实现同步运动等特点，但传动具有可逆性，不能自锁，因此有些情况下需要采用防正逆转装置或制动装置。

1.滚珠丝杠螺母副间隙的调整

通过预紧轴向力来消除滚珠丝杠螺母副的轴向间隙并施加预紧力，达到无间隙传动并提高丝杠的轴向刚度，这是滚珠丝杠螺母副的主要特点之一。新设备在出厂前，滚珠丝杠螺母副已进行了适当的调整预紧，但当滚珠丝杠螺母副经过较长时间的使用后，滚珠和滚道必然产生磨损，使预紧力减小，磨损量大时还会产生轴向间隙，因此，维修时必须对其进行预紧调整，从而消除轴向间隙，提高轴向刚度。常用的调整预紧方法有以下几种：

（1）垫片式调整机构

调整垫片的厚度δ，可使螺母产生轴向移动，实现消除轴向间隙和预紧的目的。这种机构结构简单、预紧可靠、拆装方便、刚性好。其缺点是精确调整比较困难，且在使用过程中不便进行调整。适用于一般精度的机构。

（2）螺纹式调整机构

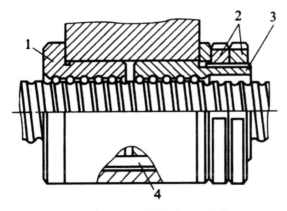

1，3-螺母；2-圆螺母；4-长键

图6-1　螺纹式调整机构

螺母1的外端有凸缘，调整螺母3上有螺纹的外端伸出螺母座外，用两个圆螺母2锁紧，旋转圆螺母即可调整轴向间隙和预紧，长键4的作用是防止螺母1、3相对转动。这种调整机构结构紧凑，工作可靠，调整方便，但不易准确地获得需要的轴向预紧力。

（3）齿差式调整机构

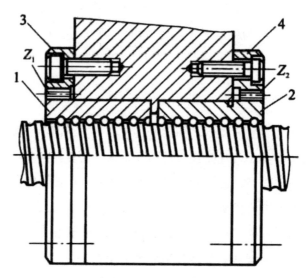

1、2-带外齿的螺母；3、4-内齿轮

图6-2　齿差式调整机构

在螺母1和2的凸缘上加工齿数相差一齿的外齿轮，将其装入螺母座中，分别与具有相应齿数的内齿轮3和4啮合。调整时，先取下内齿轮，将两个螺母相对螺母座同方向转动一定的齿数，然后把内齿轮复位固定。此时，两个螺母之间产生相应的轴向位移，从而达到调整的目的。这种方法的调整精度比较高，工作可靠，但结构较复杂，加工和装配的工艺性较差。

2.滚珠丝杠螺母副的修配

在使用中，滚珠丝杠螺母副常见的故障是丝杠、螺母的滚道和滚珠表面的磨损、腐蚀和疲劳点蚀。

当滚珠不均匀磨损或少数滚珠表面有点蚀现象时，应把全部滚珠进行更换，更换前要对新滚珠进行测量，选择尺寸和形状公差在允许范围内的滚珠，更换后应进行调整和预紧。

当丝杠和螺母的滚道发生了点蚀或较严重的磨损、腐蚀时，可以考虑通过修磨滚道恢复其精度（丝杠和螺母的滚道应同时进行修磨，并更换全部滚珠），但这种方法加工难度较大，且不经济，所以常用的方法是对整个丝杠螺母副成套更新。

三、齿轮传动的修复

（一）齿轮的失效形式与修复方法

齿轮的失效形式多种多样，开式齿轮传动主要是齿面磨损，闭式齿轮传动主要是疲劳点蚀、齿面胶合和齿根断裂。

（1）中小模数齿轮失效，一般不进行修复，而是更换新齿轮。一般成对更换，以保证啮合性能。如果没有备件，可用精整方法修复大齿轮，更换小齿轮。

（2）如果齿轮单侧齿面点蚀，当齿轮结构允许时，可用换位法将齿轮反装，让非磨损面参与工作。

（3）大模数齿轮磨损，可用堆焊法或喷涂法修复尺寸然后再精加工齿面。

（4）对于断齿和有裂纹的大模数齿轮，用镶齿或补焊方法修复。

（二）齿轮传动的调整方法

1.齿轮传动检查项目

齿轮修复且加工精度合格后，在装配之前要检查箱体孔、齿轮和轴的精度，应检查的项目有以下几点：

（1）箱体孔的尺寸、形状、位置精度，孔之间的中心距和孔的表面粗糙度。

（2）齿轮和轴的装配尺寸精度，必要时试装。

（3）轴上键的配合性能，修整安装表面毛刺及倒角。

2.齿轮传动调整要求

齿轮装配后须经过调整才能达到精度要求。调整时应达到的要求有以下几点：

（1）轴向定位正确

要逐一调整相啮合的齿轮，应以轴向中心平面为基准对中：当轮缘宽度小于20mm时，轴向错位不得大于1mm；当轮缘宽度大于20mm时，轴向错位不得大于轮缘宽度的5%，但最多不得大于5mm。

（2）啮合间隙合适

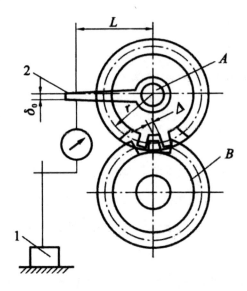

1-表座；2-检验杆

图6-3　用千分表检查齿侧间隙

齿轮啮合间隙可用塞尺、百分表等方法检查，其间隙应符合标准。用千分表检查啮合间隙可用图6-3所示的方法，将表座1放在箱体上，把检验杆2装在轴A上，千分表顶住检验杆，使齿轮B不动，转动齿轮A记下千分表指针读数。其间隙为：

$$\Delta = \delta_0 \frac{r}{L} \tag{6-2}$$

式中：δ_0——千分表读数，mm；

　　　r——转动齿轮A的节圆半径，mm；

　　　L——检验杆中心到千分表触头间的距离。

（3）啮合位置正确

啮合位置用着色法通过接触斑点判断。齿轮正确的啮合位置应当在节圆附近和齿宽中段。

（4）轴向滑移配合适当

用键或滑键连接的齿轮应能在轴上灵活地沿轴向滑移，但轴向间隙要小。

（5）运转平稳

装配后的齿轮要求转动平稳，无异常声响。对于精密传动的齿轮，要采取定向装配并检测装配精度。

3.齿轮传动的精度补偿调整法

在齿轮传动副装配时，采用普通装配法难以达到精度要求时可采用精度补偿调整法提高齿轮的传动精度。补偿调整法又称相位补偿法。

（1）将齿轮的最大径向跳动处与轴的最小径向跳动处相补偿。

（2）对于安装滚动轴承的轴应使安装后轴径的径向跳动误差与轴承的径向跳动误差相补偿；对于固定不转的轴，可调整轴的周向位置，使之适当补偿轴的中心距误差。

四、主轴部件的修理

主轴部件是机床上的一个关键部件，由主轴、主轴轴承和安装在主轴上的传动件、密封件等组成。对主轴部件进行修理是为了恢复提高其回转精度、刚度、抗震性、耐磨性，并达到温升低，热变形小的要求。

（一）主轴部件主要的失效形式

在机床使用过程中，主轴磨损和损坏的形式一般有：

1.与轴承配合的轴颈表面的磨损、烧伤或出现裂纹。

2.与夹具、刀具配合的锥孔或轴颈表面的磨损或者出现较深的划痕。

3.主轴弯曲变形。

这些部件的磨损和损坏影响机床的加工精度，应及时修理。

（二）主轴部件的检查方法

在主轴修理前，应按照图纸要求，对主轴的精度和表面粗糙度进行检查。

车床主轴的检查方法是将主轴支承轴颈用等高V形架支承着，放置在倾斜的平板上，在主轴尾端安装与轴孔配合的堵头，在堵头中心作中心孔，用6mm的钢球将主轴支承在挡铁上。回转主轴，用百分表检测装配齿轮轴颈、主轴锥孔、台肩面等相对于主轴前后轴颈的径向圆跳动和端面圆跳动误差值。然后在主轴锥孔内插入标准锥度检验棒，用百分表触及其圆柱表面，回转主轴，在近主轴端和距主轴端300mm处分别检测锥孔的径向圆跳动。

（三）主轴的修理

1.主轴磨损或损坏部位

不同的主轴，因结构形式和工作性质及工作条件的不同，损坏的形式和程度也会有所不同。在通常情况下，主轴的主要失效形式是因受外载而产生的弯曲变形，以及配合面的磨损。主轴磨损的部位主要有以下几处：

（1）与轴承配合的轴颈或端面。

（2）与工件或刀具（包括夹头、卡盘等）配合的轴颈或锥孔。

（3）与密封圈配合的轴颈。

（4）与传动件配合的轴颈。

2.主轴的修复

（1）轴颈磨损的修复

滚动轴承主轴轴颈磨损后通常需要恢复其原来的尺寸，常用的修复方法是电刷镀、镀铬等。

采用电刷镀的方法修复主轴的工艺过程为：电刷镀前，在主轴两端孔中镶入堵头→打堵头上的中心孔→在磨床上以前后主轴轴颈未磨损部分为基准找正将已磨损需要修复的轴颈磨小 0.05 ～ 0.15mm→在所要修磨的外圆表面电刷镀，单边镀层厚度不小于0.1mm→研磨中心孔，磨削电刷镀后的各表面至要求。

（2）锥孔磨损的修复

主轴的莫氏锥孔也容易磨损，在修理时常采用磨削的方法修复其表面精度。若已经经过多次修磨，则可用镶套的方法进行修复。

（3）弯曲变形的修复

主轴如果发生变形，则根据变形的程度及主轴的精度要求确定修复方法，对于发生弯曲变形的普通精度主轴，可用校直法进行修复；对于高精度主轴，校直后难以恢复其精度的，则采用更换新轴的方法。

第二节 典型设备的修理工艺

一、卧式车床的修理

卧式车床是加工回转类零件的金属切削设备，属于中等复杂程度的机床，在结构上具有一定的典型性。这里以卧式车床大修为例，介绍其修理工艺特点及主要零部件的修理方法中的有关问题，以取得举一反三的效果。

（一）修理前的准备工作

卧式车床在经过一个大修周期的使用后，由于主要零件的磨损、变形，使车床的精度及主要力学性能大大降低，需要对其进行大修。卧式车床修理前，应详细了解其修理要求和存在的主要问题，如主要零部件的磨损情况，机床的几何精度、加工精度降低情况，以及运转中存在的问题。据此提出预检项目，预检后确定具体的修理项目及修理方案，准备专用工具、检具和测量工具，确定修理后的精度检验项目及试车验收要求。

1.卧式车床修复后应满足的要求

卧式车床修复后应同时满足下列四个方面的要求：

（1）达到零件的加工精度及工艺要求；

（2）保证车床的切削性能；

（3）操纵机构应省力、灵活、安全、可靠；

（4）排除车床的热变形、噪声、振动、漏油之类的故障。

在制订具体修理方案时，除满足上述要求外，还应根据企业产品的工艺特点，对使用要求进行具体分析、综合考虑，制定出经济性好、又能满足机床性能和加工工艺要求的修理方案。例如，对于日常只加工圆柱类零件的内外孔径、台阶面等而不需要加工螺纹的卧式车床，在修复时可删除有关丝杠传动的检修项目，简化修理内容。

2.选择修理基准及修理顺序

机床修理时，合理地选择修理基准和修理顺序，对保证机床的修理精度和提高修理效率有很大意义。一般应根据机床的尺寸链关系确定修理基准和修理顺序。

根据修理基准的选择原则，卧式车床可选择床身导轨面作为修理基准。

在确定修理顺序时，要考虑卧式车床尺寸链各组成环之间的相互关系。卧式车床修理顺序是床身修理、溜板部件修理、主轴箱部件修理、刀架部件修理、进给箱部件修理、溜板箱部件修理、尾座部件修理及总装配。在修理中，根据现场实际条件，可采取几个主要部件的修复和刮研工作交叉进行，还可对主轴、丝杠等修理周期较长的关键零件的加工做优先安排。

（二）修理工艺过程

以CA6140卧式车床为例，介绍卧式车床的修理过程。

1.床身的修理

床身修理的实质是修理床身导轨面。床身导轨是卧式车床上各部件移动和测量的基准，也是各零部件的安装基础。其精度的好坏，直接影响卧式车床的加工精度；其精度保持性对卧式车床的使用寿命有很大的影响。机床经过长期的使用运行后，导轨面会有一定程度的磨损，甚至还会出现导轨面的局部损伤，如划痕、拉毛等，这些都会严重影响机床的加工精度。所以在卧式车床修理时，必须对床身导轨进行修理。

（1）确定修理方案

床身的修理方案应根据导轨的损伤程度、生产现场的技术条件及导轨表面的材质确定。若导轨表面整体磨损，可用刮研、磨削、精刨等方法修复；若导轨表面局部损伤，可用焊补、粘补、涂镀等方法修复。确定床身导轨的修理方案包括确定修理方法和修理基准。

①导轨磨损后的修理方法，可根据实际情况确定。卧式车床一般采取磨削方法修复，

对磨损量较小的导轨或其他特殊情况也可采用刮研的方法。现在发展起来的导轨软带新技术由于其不需要铲刮、研磨即满足导轨的各种精度要求且耐磨，是值得推广和发展的一种修理方法。

②修复机床导轨应满足以下两个要求，即修复导轨的几何精度和恢复导轨面对主轴箱、进给箱、齿条、托架等部件安装表面的平行度。在修复导轨时，由于齿条安装面基本无磨损，有利于保持卧式车床主要零部件原始的相互位置，因此，床身导轨的修理基准可选择齿条安装面。

（2）床身导轨的修理工艺

①床身导轨的磨削

床身导轨在磨削过程中产生热量较多，易使导轨发生变形，造成磨削表面的精度不稳定，因而在磨削中应注意磨削的进刀量必须适当，以减少热变形的影响。

床身导轨的磨削可在导轨磨床或龙门刨床（加磨削头）上进行。磨削时将床身置于导轨磨床工作台上的调整垫铁上，按齿条安装面为基准进行找正，找正的方法为：将千分表固定在磨头主轴上，其测头触及齿条安装面，移动工作台，调整垫铁使千分表读数变化量不大于0.01mm；再将90°角尺的一边紧靠进给箱安装面，测头触及90°角尺另一边，移动磨头架，通过转动磨头，使千分表读数不变，找正后将床身夹紧，夹紧时要防止床身变形。

由于卧式车床在使用过程中，导轨中间部位磨损最严重，为了补偿磨损和弹性变形，一般应使导轨磨削后导轨面呈中凸状，可采取三种方法磨出：第一种为反变形法，即安装时使床身导轨适当产生中凹，磨削完成后床身自动恢复形成中凸；第二种方法是控制吃刀量法，即在磨削过程中使砂轮在床身导轨两端多走刀几次，最后精磨一刀形成中凸；第三种方法是靠加工设备本身形成中凸，即将导轨磨床本身的导轨调成中凸状，使砂轮相对工作台走出凸形轨迹，这样在调整后的机床上磨削导轨时即呈中凸状。

②床身导轨的刮研

床身导轨的刮研是导轨修理的最基本方法，刮研的表面精度高，但劳动强度大，技术性强，并且刮研工作量大。

2.溜板部件的修理

溜板部件由床鞍、中滑板和横向进给丝杠螺母副等组成，它主要担负着机床纵、横向进给的切削运动，它自身的精度与床身导轨面之间配合状况良好与否，将直接影响加工零件的精度和表面粗糙度。

（1）溜板部件修理的重点

①保证床鞍上、下导轨的垂直度要求。修复上、下导轨的垂直度实质上是保证中滑板导轨对主轴轴线的垂直度。

②补偿因床鞍及床身导轨磨损而改变的尺寸链。由于床身导轨面和床鞍下导轨面的磨损、刮研或磨削，必然引起溜板箱和床鞍倾斜下沉，使进给箱、托架与溜板箱上的丝杠、光杠孔不同轴，同时也使溜板箱上的纵向进给齿轮啮合侧隙增大，改变了以床身导轨为基准的与溜板部件有关的几组尺寸链精度。

（2）溜板部件的刮研工艺

卧式车床在长期使用后，床鞍及中滑板各导轨面均已磨损，须修复。在修复溜板部件时，应保证床鞍横向进给丝杠孔轴线与床鞍横向导轨平行，从而保证中滑板平稳、均匀地移动，使切削端面时获得较小的表面粗糙度值。因此，床鞍横向导轨在修刮时，应以横向进给丝杠安装孔为修理基准，然后再以横向导轨面作为转换基准，修复床鞍纵向导轨面。

3. 主轴箱部件的修理

主轴箱部件由箱体、主轴部件、各传动件、变速机构、离合器机构、操纵机构等部分组成。主轴箱部件是卧式车床的主运动部件，要求有足够的支承刚度、可靠的传动性能、灵活的变速操纵机构、较小的热变形、低的振动噪声、高的回转精度等。此部件的性能将直接影响到加工零件的精度及表面粗糙度，此部件修理的重点是主轴部件及摩擦离合器，要特别重视其修理和调整质量。

（1）主轴部件的修理

主轴部件是机床的关键部件，它担负着机床的主要切削运动，对被加工工件的精度、表面粗糙度及生产率有着直接的影响，主轴部件的修理是机床大修的重要工作之一。修理的主要内容包括主轴精度的检验、主轴的修复、轴承的选配和预紧、轴承的配磨等。

（2）主轴箱体的修理

CA6140卧式车床主轴箱体检修的主要内容是检修箱体前后轴承孔的精度，要求 $\Phi 160$ H7 主轴前轴承孔及 $\Phi 115$ H7 后轴承孔圆柱度误差不超过 0.012mm，圆度误差不超过 0.01mm，两孔的同轴度误差不超过 0.015mm。卧式车床在使用过程中，由于轴承外圆的游动，造成了主轴箱体轴承安装孔的磨损，影响主轴回转精度的稳定性和主轴的刚度。

修理前可用内径千分表测量前后轴承孔的圆度和尺寸，观察孔的表面质量，是否有明显的磨痕、研伤等缺陷，然后在镗床上用杠杆千分表测量前后轴承孔的同轴度。由于主轴箱前后轴承孔是标准配合尺寸，不宜研磨或修刮，一般采用镗孔镶套或镀镍修复。若轴承孔圆度、圆柱度超差不大时，可采用镀镍法修复，镀镍前要修正孔的精度，采用无槽镀镍工艺，镀镍后经过精加工恢复此孔与滚动轴承的公差配合要求；若轴承孔圆度、圆柱度误差过大时，则采用锥孔镶套法来修复。

（3）主轴开停及制动机构的修理

主轴开停及制动操纵机构主要包括双向多片摩擦离合器、制动器及其操纵机构，实现主轴的启动、停止、换向，由于卧式车床频繁开停和制动，使部分零件磨损严重，在修理时必须逐项检验各零件的磨损情况，视情况予以更换和修理。

①在双向多片摩擦离合器中，修复的重点是内、外摩擦片，当机床切削载荷超过调整好的摩擦片所传递的力矩时，摩擦片之间就产生相对滑动现象，多次反复，其表面就会被研出较深的沟槽。当表面渗碳层被全部磨掉时，摩擦离合器就失去功能，修理时一般更换新的内、外摩擦片。若摩擦片只是翘曲或拉毛，可通过延展校直工艺校平和用平面磨床磨平，然后采取吹砂打毛工艺来修复。

②卧式车床的制动机构中，当摩擦离合器脱开时，主轴迅速制动。由于卧式车床的频繁开停使制动机构中制动钢带和制动轮磨损严重，所以制动带的更换、制动轮的修整、齿条轴凸起部位的焊补是制动机构修理的主要任务。

（4）主轴箱变速操纵机构的修理

主轴箱变速操纵机构中各传动件一般为滑动摩擦，长期使用各零件易产生磨损，在修理时须注意滑块、滚柱、拨叉、凸轮的磨损状况。必要时可更换部分滑块，以保证齿轮移动灵活、定位可靠。

（5）主轴箱的装配

主轴箱各零部件修理后应进行装配调整，检查各机构、各零件修理或更换后能否达到组装技术要求。组装时按先下后上、先内后外的顺序，逐项进行装配调整，最终达到主轴箱的工作性能及精度要求。主轴箱的装配重点是主轴部件的装配与调整，主轴部件装配后，应在主轴运转达到稳定的温升后调整主轴轴承间隙使主轴的回转精度达到如下要求：

①主轴定心轴颈的径向圆跳动误差小于0.01mm。

②主轴轴肩的端面圆跳动误差小于0.015mm。

③主轴锥孔的径向圆跳动靠近主轴端面处为0.015mm，距离端面300mm处为0.025mm。

④主轴的轴向窜动量为0.01～0.02mm。

除主轴部件调整外，还应检查并调整主轴箱体使齿轮传动平稳，变速操纵灵敏准确，各级转速与铭牌相符，开停可靠，箱体温升正常，润滑装置工作可靠，等等。

（6）主轴箱与床身的拼装

主轴箱内各零件装配并调整好后，将主轴箱与床身拼装。然后按测量床鞍移动对主轴轴线的平行度，通过修刮主轴箱底面，使主轴轴线达到下列要求：

①床鞍移动对主轴轴线的平行度误差在垂直面内300mm长度上不大于0.03mm，在水平面内300mm长度上不大于0.015mm。

②主轴轴线的偏斜方向；只允许心轴外端向上和向前偏斜。

4.刀架部件的修理

刀架部件包括转盘、小滑板和方刀架等零件。刀架部件是安装刀具、直接承受切削力的部件，各结合面之间必须保持正确的配合；同时，刀架的移动应保持一定的直线性，避免影响加工圆锥工件母线的直线度和降低刀架的刚度。因此，刀架部件修理的重点是刀架移动导轨的直线度和刀架重复定位精度的修复。刀架部件的修理主要包括小滑板、转盘和方刀架等零件主要工作面的修复。

（1）小滑板的修理

小滑板导轨面可在平板上拖研修刮；燕尾导轨面采用角形平尺拖研修刮或与已修复的刀架转盘燕尾导轨配刮，保证导轨面的直线度及与丝杠孔的平行度。

（2）方刀架的刮研

配刮方刀架与小滑板的接触面配作方刀架上的定位销，保证定位销与小滑板上定位销锥套孔的接触精度，修复刀架上刀具夹紧螺纹孔。

（3）刀架转盘的修理

刮研燕尾导轨面保证各导轨面的直线度和导轨相互之间的平行度。修刮完毕后，将已修复的镶条装上，进行综合检验，镶条调节合适后，小滑板的移动应无轻、重或阻滞现象。

（4）丝杠螺母的修理和装配调整

刀架丝杠及与其相配的螺母都属易损件，一般采用换丝杠配螺母或修复丝杠，重新配螺母的方法进行修复。

5.进给箱部件的修理

进给箱部件的功用是变换加工螺纹的种类和导程，以及获得所需的各种进给量，主要由基本螺距机构、倍增机构、改变加工螺纹种类的移换机构、丝杠与光杠的转换机构以及操纵机构等组成。其主要修复的内容如下：

（1）基本螺距机构、倍增机构及其操纵机构的修理

检查基本螺距机构、倍增机构中各齿轮、操纵机构、轴的弯曲等情况，修理或更换已磨损的齿轮、轴、滑块、压块、斜面推销等零件。

（2）丝杠连接法兰及推力球轴承的修理

在车削螺纹时，要求丝杠传动平稳，轴向窜动小。丝杠连接轴在装配后轴向窜动量不大于0.010mm，若轴向窜动超差，可通过选配推力球轴承和刮研丝杠连接法兰表面来修复。

（3）托架的调整与支承孔的修复

床身导轨磨损后，溜板箱下沉，丝杠弯曲，使托架孔磨损。为保证三支承孔的同轴度，在修复进给箱时，应同时修复托架。托架支承孔磨损后，一般采用镶孔镶套来修复，使托架的孔中心距、孔轴线至安装底面的距离均与进给箱尺寸一致。

6.溜板箱部件的修

溜板箱固定安装在沿床身导轨移动的纵向溜板下面。其主要作用是将进给箱传来的运动转换为刀架的直线移动,实现刀架移动的快慢转换,控制刀架运动的接通、断开、换向以及实现过载保护和刀架的手动操纵。溜板箱部件修理的主要工作内容有丝杠传动机构的修理、光杠传动机构的修理、安全离合器和超越离合器的修理及进给操纵机构的修理。

(1)丝杠传动机构的修理

丝杠传动机构的修理主要包括传动丝杠及开合螺母机构的修理。丝杠一般应根据磨损情况确定修理或更换,修理一般可采用校直和精车的方法。

(2)光杠传动机构的修复

光杠传动机构由光杠、传动滑键和传动齿轮组成。光杠的弯曲、光杠键槽及滑键的磨损、齿轮的磨损,将会引起光杠传动不平稳,床鞍纵向工作进给时产生爬行。光杠的弯曲采用校直修复,校直后再修正键槽,使装配在光杠轴上的传动齿轮在全长上移动灵活。滑键、齿轮磨损严重时一般需要更换。

(3)安全离合器和超越离合器的修理

超越离合器用于刀架快速运动和工作进给运动的相互转换,安全离合器用于刀架工作进给超载时自动停止,起超载保护作用。

超越离合器经常出现传递力小时易打滑、传递力大时快慢转换脱不开的故障,造成机床不能正常运转,一般情况下,传递力小打滑时宜加大滚柱直径,传递力大快慢转换脱不开时宜减小滚柱直径。

安全离合器的修复重点是左右两半离合器接合面的磨损,一般需要更换,然后调整弹簧压力使之能正常传动。

(4)纵横向进给操纵机构的修理

卧式车床纵横向进给操纵机构的功用是实现床鞍的纵向快慢速运动和中滑板的横向快慢速运动的操纵和转换。由于使用频繁,操纵机构的凸轮槽和操纵圆销易产生磨损,使拨动离合器不到位、控制失灵。另外,离合器齿形端面易产生磨损,造成传动打滑。这些磨损件的修理,一般对其进行更换即可。

7.尾座部件的修理

尾座部件结构主要由尾座底板、尾座体、顶尖套筒、尾座丝杠、螺母等组成。其主要作用是支承工件或在尾座顶尖套中装夹刀具来加工工件,要求尾座顶尖套移动轻便,在承受切削载荷时稳定可靠。

尾座体部件的修理主要包括尾座体孔、顶尖套筒、尾座底板、丝杠螺母、夹紧机构的修理,修复的重点是尾座体孔。

(1)尾座体孔的修理

一般是先恢复孔的精度,然后根据已修复的孔实际尺寸配尾座顶尖套筒。由于顶尖套筒受径向载荷并经常处于夹紧状态下工作,容易引起尾座体孔的磨损和变形,使尾座体孔孔径呈椭圆形,孔前端呈喇叭形。在修复时,若孔磨损严重,可在镗床上精镗修正,然后研磨至要求,修镗时须考虑尾座部件的刚度将镗削余量严格控制在最小范围;若磨损较轻时,可采用研磨方法进行修正。研磨时,利用可调式研磨棒,以摇臂钻床为动力,在垂直方向研磨,以防止研磨棒的重力影响研磨精度。尾座体孔修复后应达到如下精度要求:圆度、圆柱度误差不大于0.01mm,研磨后的尾座体孔与更换或修复后的尾座顶尖套筒配合为H7/h6。

(2)顶尖套筒的修理

尾座体孔修磨后,必须配制相应的顶尖套筒才能保证两者间的配合精度。顶尖套筒的配制可根据尾座体孔修复情况而定,当尾座体孔磨损严重采用镗修法修正时,可更换新制套筒,并增加外径尺寸,达到与尾座体孔配合要求;当尾座体孔磨损较轻采用研磨法修正时,可采用原件经修磨外径及锥孔后整体镀铬,然后再精车外圆,达到与尾座体孔的配合要求。尾座顶尖套筒经修配后,应达到如下精度要求:套筒外径圆度、圆柱度小于0.008mm;锥孔轴线相对外径的径向圆跳动误差在端部小于0.01mm,在300mm处小于0.02mm;锥孔修复后端面的轴线位移不超过5mm。

(3)尾座底板的修理

由于床身导轨刮研修复以及尾座底板的磨损,必然使尾座体孔中心线下沉,导致尾座体孔中心线与主轴轴线高度方向的尺寸链产生误差,使卧式车床加工轴类零件时圆柱度超差。

(4)丝杠螺母副及锁紧装置的修理

尾座丝杠螺母副磨损后一般更换新的丝杠螺母副,也可修丝杠配螺母;尾座顶尖套筒修复后,必须相应修刮紧固块,使紧固块圆弧面与尾座顶尖套筒圆弧面接触良好。

(5)尾座部件与床身的拼装

尾架部件安装时,应通过检验和进一步刮研,使尾座安装后达到如下要求:

①尾座体与尾座底板的接触面之间用0.03mm塞尺检查时不得插入。

②主轴锥孔轴线和尾座顶尖套筒锥孔轴线对床身导轨的等高度误差不大于0.06mm,且只允许尾座端高。

③床鞍移动对尾座顶尖套筒伸出方向的平行度在100mm长度上,上母线不大于0.03mm,侧母线不大于0.01mm。

④床鞍移动对尾座顶尖套筒锥孔轴线的平行度误差,在100mm测量长度上,上母线和侧母线不大于0.03mm。

8.卧式车床的总装配

卧式车床的总装配要求是达到组成卧式车床各个部件的位置、尺寸及相互间的传动精度要求。所以，要根据卧式车床的传动要求来确保各项几何精度，只有各个部件的修复质量和精度都能达到要求后，才能保证卧式车床总装后的工作精度。在装配时，首先应选出正确的装配基准，装配先后顺序以简单方便为原则，可按先下后上、先内后外的原则进行，同时应注意部件热变形及自重变形的影响。下面就卧式车床总装配的几个问题做简要说明：

（1）总装配的一般技术要求

部件拼装时要求部件间的静止结合面应保持平整，无碰伤、凸点或毛刺，重要的结合面应检查其接触率，一般不低于4～6点/（25mm×25mm），对于一般结合面压紧后用0.03～0.04mm塞尺应不能插入，特别是结合面的螺孔、销孔周围不允许有间隙，以免拧紧螺钉时引起部件变形。

部件间的定位销孔，在精度调整后，应用铰刀重新铰光，然后装入定位销，保证定位精度的稳定性。卧式车床的滑动结合面在装配后移动必须灵活自如，在全长上移动无阻滞。

（2）卧式车床装配工艺顺序。卧式车床的一般装配工艺如下：

①安装床身及检验床身导轨的几何精度；

②安装进给箱、托架（后支架）、溜板箱；

③安装齿条；

④安装丝杠、光杠；

⑤安装尾座；

⑥安装主轴箱及校正主轴轴线；

⑦安装刀架。

（3）拼装工艺

在前述修理工艺中已讲述了部件拼装工艺，在此不再重复，其他部件拼装工艺如下：

①安装进给箱、托架、溜板箱，将进给箱、托架按原来的紧固螺钉孔及锥销位置安装到床身上，测量并调整进给箱、托架的光杠支承孔的同轴度、平行度，达到如下要求：

a.进给箱与托架的丝杠、光杠孔轴线对床身导轨的平行度在100mm长度上上母线不大于0.02mm（只允许前端向上），侧母线不大于0.01mm（只许向床身方向偏）。

b.进给箱与托架的丝杠、光杠孔轴线的同轴度上母线、侧母线都不大于0.01mm。

检查并调整好进给箱、托架后，再安装溜板箱。由于溜板箱结合面的修刮，使床鞍与溜板箱之间横向传动齿轮副的原中心距离发生变化，安装溜板箱时须调整此中心距，可采用左移或右移箱体，校正横向自动进给齿轮副的啮合间隙为0.08mm，使齿轮副在新的装配位置上正常啮合，装上溜板后测量并调整溜板箱、进给箱、托架的光杠三支承孔的同轴度，达到修理要求后铰床鞍与溜板箱结合面的定位锥销孔、装入锥销，同时将进给箱、托架与床身结合的锥销孔也微量铰光之后，装入锥销。

②安装齿条时注意调整齿条的安装位置，使其与溜板箱纵向进给齿轮啮合间隙适当，并保证在床鞍行程全长上纵向进给齿轮与齿条的啮合间隙一致。调整完成后重新铰制齿条定位锥销孔并安装齿条。

③丝杠和光杠的安装应在溜板箱、进给箱、托架三支承孔的同轴度校正以后进行。

安装丝杠时要测量丝杠轴线和开合螺母中心对床身导轨的平行度，测量时溜板箱的位置一般以将开合螺母放在丝杠的中间为宜，因丝杠在此处的挠度最大，并且应闭合开合螺母，以避免因丝杠自重、弯曲等因素造成的影响，要求丝杠轴线和开合螺母中心对床身导轨的平行度在上母线和侧母线都不大于0.20mm。丝杠安装后还应测量丝杠的轴向窜动，使之小于0.015mm；左、右移动溜板箱，测量丝杠轴向游隙使之小于0.02mm，若上述两项超差，可通过修磨丝杠安装轴法兰端面和调整推力球轴承的间隙予以消除。

二、试车、验收

卧式车床经修理后须进行试车验收，主要包括空运转试验前的准备、空运转试验、负荷试验、机床几何精度检验和机床工作精度试验。

（一）空运转试验前的准备

1.机床在完成总装后，须清理现场和对机床进行全面清洗。

2.检查机床各润滑油路，根据润滑图表要求，注入符合规格的润滑油和冷却液，使之达到规定要求。

3.检查紧固件是否可靠；溜板、尾座滑动面是否接触良好，压板调整是否松紧适宜。

4.用手转动各传动件，要求运转灵活；各变速、变向手柄应定位可靠，变换灵活；各移动机构手柄转动时应灵活、无阻滞现象，并且反向空行程量小。

（二）空运转试验

1.从低速开始依次运转主轴的所有转速挡进行主轴空运转试验，各级转速的运转时间不少于5min，最高转速的运转时间不少于0.5h。在最高速下运转时，主轴的稳定温度如下：滑动轴承不超过60℃，温升不超过30℃；滚动轴承不超过70℃，温升不超过40℃；其他机构的轴承不超过50℃。在整个试验过程中润滑系统应畅通、正常并无泄漏现象。

2.在主轴空运转试验时，变速手柄变速操纵应灵活、定位准确可靠；摩擦离合器在合上时能传递额定功率而不发生过热现象，处于断开位置时，主轴能迅速停止运转；制动闸带松紧程度合适，达到主轴在300r/min转速运转时，制动后主轴转动不超过2～3r，非制动状态，制动闸带能完全松开。

3.检查进给箱各挡变速定位是否可靠，输出的各种进给量与转换手柄标牌指示的数值是否相符；各对齿轮传动副运转是否平稳，应无振动和较大的噪声。

4.检查床鞍与刀架部件，要求床鞍在床身导轨上，中、小滑板在其燕尾导轨上移动平稳，无松紧、快慢现象，各丝杠旋转灵活可靠。

5.检查溜板箱，要求各操纵手柄操纵灵活，无阻卡现象，互锁准确可靠。纵、横向快速进给运动平稳，快慢转换可靠；丝杠开合螺母控制灵活；安全离合器弹簧调节松紧合适，传力可靠，脱开迅速。

6.检查尾座部件的顶尖套筒，要求其由套筒孔内端伸出至最大长度时无不正常的间隙和阻滞现象，手轮转动灵活，夹紧装置操作灵活可靠。

7.调节带传动装置，四根V带应松紧一致。

8.电气控制设备准确可靠，电动机转向正确，润滑、冷却系统运行可靠。

（三）机床负荷试验

机床负荷试验在于检验机床各种机构的强度，以及在负荷下机床各种机构的工作情况。

其内容包括：机床主传动系统最大转矩试验，以及短时间超过最大转矩25%的试验；机床最大切削主分力的试验及短时间超过最大切削主分力25%的试验；负荷试验一般在机床上用切削试件方法或用仪器加载方法进行。

（四）机床的几何精度检验

要注意的是在精度检验过程中，不得对影响精度的机构和零件进行调整，否则应复查因调整受影响的有关项目。检验时，凡与主轴轴承温度有关的项目应在主轴轴承温度达到稳定后方可进行检验。

（五）卧式车床工作精度试验

卧式车床工作精度试验是检验卧式车床动态工作性能的主要方法，其试验项目有：精车外圆、精车端面、精车螺纹及切断试验。以上这几个试验项目，分别检验卧式车床的径向和轴向刚度性能及传动工作性能，其具体方法为：

1.精车外圆试验用高速钢车刀车Φ（30～50）mm×250mm的45钢棒料试件，检验所加工零件的圆度误差不大于0.01mm，表面粗糙度Ra值不大于1.6mm。

2.精车端面试验用45°的标准右偏刀加工Φ250mm的铸铁试件的端面，加工后其平面度误差不大于0.02mm，只允许中间凹。

3.精车螺纹试验精车螺纹主要是检验机床传动精度。用60°的高速钢标准螺纹车刀加工Φ40mm×500mm的45钢棒料试件。加工后要达到螺纹表面无波纹及表面粗糙度Ra值不大于1.6μm，螺距累积误差在100mm测量长度上不大于0.060mm，在300mm测量长度上不大于0.075mm的要求。

4.切断试验用宽5mm标准切断刀切断Φ80mm×150mm的45钢棒料试件，要求切断后试件切断底面不应有振痕。

第三节　建材机械典型设备的修理

建材机械设备的种类很多，且多为重型机械设备，长时间连续运转，运转环境及工作条件复杂。以下将以大中型水泥厂的球磨机、立式辊磨和回转窑中的主要故障为例，讲述其故障的处理方法。

一、球磨机的修理

（一）球磨机常见故障概述

球磨机的长期安全运转，在很大程度上取决于正确的操作、合理的检修和良好的维护保养。维护保养的目的就在于保证球磨机的正常运转，延长使用寿命，充分发挥其经济效能。

长期运转的球磨机，由于机件与机件、机件与物料的自然磨损逐渐增长，使机件几何形状和尺寸发生改变，机件配合尺寸亦相应改变，同时机械强度也有所降低。如不及时修理或更换，将会导致故障发生，特别是错误操作、不良的维护保养，更是导致事故发生的直接原因。

（二）球磨机的故障及修理实例

球磨机零部件因自然磨损或事故损坏，引起工作效能降低或运转条件恶化，甚至被迫停运，工厂通常采取零部件更换或修理的方式恢复球磨机的正常运转。

零部件的修理大致可分为两大类：一类是应急修理，即采取简单、快捷、可靠的修理方法使球磨机尽快投入运行，以应生产之急；另一类是恢复修理，即选定正确、合理的修理方案，先进、精确的修理方法，达到恢复零部件应具备的性能和精度，满足球磨机正常运转条件的要求。

下面着重介绍几则球磨机零部件损坏的典型实例及修理方法。

1.磨筒体裂纹的修理

（1）故障实例描述

一台Φ2.4m×13m湿法原料球磨机，在更换隔仓板时，发现磨筒体上有一条1 020mm长的径向裂纹，正处在二仓和三仓之间的隔仓板部位。裂纹是由于料浆环状冲刷磨蚀筒体，致使筒体形成了环形沟槽，该处强度降低使筒体开裂。然后，对另两隔仓板部位进行检查，均有类似磨蚀，不过磨蚀较小，尚未发现裂纹。

（2）修理方法

①裂纹焊补

将裂纹部位转至上方，使裂纹处于密合状态，用电弧气刨在筒体外壁沿裂纹走向铲开U形坡口，坡口长度比裂纹两端长25mm。用T507焊条焊接，直流电焊机施焊。然后将磨筒体转180°，沿裂纹筒体内壁清根施焊，要求内外焊缝的堆焊层与筒体平齐。

②搭焊加强板。

在筒体外壁搭焊厚18mm的环形加强板。为了避免加强板焊缝形成环状直线应力点，将加强板两侧割成曲线形，先点焊在筒体上。

将加强板环形焊缝分成8等份施焊，焊完一方后转磨180°，再焊相对的一方，以防磨筒体轴线弯曲。

为了防止焊接时磨筒体轴线产生弯曲，焊接前揭开主轴承上盖，在两中空轴上各置一水平尺，焊接时观察水平尺有无变化。

焊接完毕后全面检查磨筒体的直线度。

2.磨头开裂的修理

（1）故障实例描述

某厂一台老式球磨机，发现出口磨头漏灰，传动响声异常、振动大。经检查，发现磨头喇叭小端过渡圆处断裂，裂纹长度为2 156mm。此球磨机已运转多年，经分析可能是由于疲劳产生扩展裂纹。

（2）修理方法

裂纹属全透性开裂，长度占该处圆周长的75%，难以修复，应更换磨头。

3.中空轴内壁磨损的修理

（1）故障实例描述

一台Φ2.4m×13m湿法棒球磨机，进料端一仓装Φ（60～75）mm×2.65m钢棒18t，由于钢棒的冲击，使进料衬套与中空轴轴端12只M24×50双头螺栓断裂，部分螺孔丝扣滑牙，导致进料衬套外窜8mm之多，引起衬套与中空轴之间混凝土松落，料浆进入磨头中空轴内腔，冲刷其内壁。

（2）修理方法

该设备虽曾多次反复采用套丝更换双头螺栓使进料衬套复位，重浇混凝土等方法修理，但是运行不到一两个月，衬套又外窜漏浆冲刷中空轴内壁。

为了解决这一问题，该厂大胆地采用了将中空轴与衬套的螺栓连接改为法兰焊接，考虑到衬套材质ZG55钢的可焊性差，为避免以后更换衬套要多次在中空轴端部施焊，改用30mm普通碳素钢板制作法兰，直接焊于中空轴端部，而将衬套法兰外沿割除部分，其外径略小于钢板法兰内径，并采用V形坡口对焊；另在衬套喇叭口外圆与中空轴内壁磨损处，按间隙断面形状打入一楔形环圈，将环圈与衬套焊为一体。

以上焊接，均用T506焊条。焊接时严格控制中空轴的受热区，边焊边用湿布冷却，焊后用小锤敲击焊缝，释放应力。

为了防止料浆渗入中空轴内壁，在环圈外圆与中空轴内壁之间缝隙处，涂AR胶密封。

中空轴与衬套间空腔浇灌混凝土，其配比为水泥：熟料（粒状）：黄沙＝1：2：2，并在水中加3%的三乙醇胺催其早强，经68h养护后开车。

经上述处理后，磨机运转近万小时无异常，从而较好地解决了中空轴内壁磨损问题。

4.传动齿轮磨损及断齿的修理

（1）故障实例描述

造成齿轮失效的原因主要是严重自然磨损或事故损坏（快速磨损和断齿）。在水泥厂，边缘传动球磨机的齿轮，特别是小齿轮因损坏更换频繁，备件消耗量大。据某厂的统计，小齿轮寿命仅为半年，占球磨机年度累计故障次数的28.07%。经分析是由于小齿轮振动大，粉尘介质进入啮合，加速磨损；同时，轮齿滑移系数大也是齿轮磨损的重要原因。

（2）修理方法

为了解决传动齿轮的事故磨损和损坏，该厂成立了由技术人员、检修和操作人员组成的专项攻关QC小组，实施设计、制造、检修、生产的系统工程管理。跳出单一的凿磨、堆焊、栽齿和调面等传统的修理方法，通过因果关系分析，运用PDCA管理环，查根治本，解决齿轮事故磨损和损坏问题。其主要途径是：

①改进传动装置结构

a.小齿轮轴承改进

原设计传动小齿轮轴承部为滑动轴承支承，中间用一刚性联轴节连接，这种结构轴线误差大，易产生振动，轴承密封性能差，易进灰，轴承磨损快，因此轴承间隙增大，振动加剧。将滑动轴承改为调心滚动轴承后，密封性能好，磨损小，振动相应减小，传动平稳。

b.联轴节改进

过桥短轴由刚性联轴节改为棒销联轴节，缓冲性能好，安全可靠。

c.加大小齿轮轴径

将小齿轮轴径由Φ80mm加大到Φ220mm，可提高整体强度，避免断轴打齿。

经多年实践证明改进是成功的，传动轴承的振幅由原来的70～80μm下降到7μm以下，故障率大幅下降。

②采用修正齿轮、提高齿轮强度的方法，降低齿面磨损

原球磨机传动齿轮副采用M24标准齿轮，小齿轮磨损快，强度低，易发生断齿。为了提高小齿轮寿命，曾采取齿面淬火，材质由45钢改为40Cr，用滚齿机加工提高齿形精度等措施，但仍不理想。

为此，对传动齿轮副进行科学计算和设计，决定采用修正齿轮替代标准齿轮，提高齿轮的强度，降低齿面磨损。

5.球面瓦失效后的修理——巴氏合金浇注

（1）故障描述

球磨机球面瓦事故烧瓦或磨损达到极限值后，就需要修理或更换。球面瓦巴氏合金层厚度一般为10～20mm，正常使用寿命可达10年以上。实践表明，球面瓦合金层多数是由于粉尘或料浆进入轴承造成早期磨损或烧坏。在不太严重的情况下（少量磨损、局部烧损或局部裂纹），采取刮研或局部焊补修理措施仍可维持使用；当烧损严重，无法刮研时，应重新浇注巴氏合金。

（2）修理方法

球面瓦巴氏合金浇注主要工艺过程分为旧瓦巴氏合金清除，底瓦清洗检查，涂刷黏结剂，巴氏合金熔化，浇注及脱模检查五个工序。

①旧瓦巴氏合金清除

a.初除油垢

将旧球面瓦置于特制的容器内，盛水使瓦没入水中，加热煮约20min，清除油垢。

b.熔化旧合金层

采取背面或整体加热熔化旧巴氏合金层。一般采用架烧或喷灯直烧，使旧巴氏合金层熔化。应注意加热温度不可过高，达到熔化即可，以防止底瓦变形。

c.清除残留合金碎片

用锉刀、小凿或钢丝刷清除底瓦表面沟槽和燕尾槽内残留的合金碎片，直至底瓦金属表面无残留合金。

②底瓦清洗检查

a.酸液清洗

用10%～15%盐酸或硫酸溶液反复擦洗底瓦内表面，除去锈蚀，直至见到底瓦金属表面光泽；再用70～100℃热清水冲洗，除去残留的酸液。

b.碱洗脱脂

用70～90P的10%碱溶液（苛性钠或苛性钾）进行清洗（浸洗或冲洗），然后再用70～100℃热清水冲洗，除去残留碱液。

c.底瓦检查

经清洗后的底瓦应进行全面检查，检查是否有裂纹、损伤或变形，如有缺陷，应及时

采取措施修复。

③刷涂黏结剂

a.刷涂氯化锌

经过清洗处理的底瓦，应在准备浇注巴氏合金层的表面，用毛刷涂上氯化锌溶液。然后在巴氏合金浇注前，将底瓦加热至260～300℃，再涂一次氯化锌溶液，以利合金浇注时黏结牢固。

b.镀锡

所谓镀锡，是在底瓦内表面刷涂氯化锌部位镀上薄锡层（俗称"挂里子"），目的是防止底瓦表面氧化，确保巴氏合金与底瓦有良好的黏结性能。

镀锡是在底瓦维持230℃以上时，用焊锡条在涂刷氯化锌底瓦表面迅速涂擦，使表面均匀地形成一层薄薄的镀锡层。大型球瓦也可不镀锡。

④熔化巴氏合金

a.熔化锅

熔化锅一般是用钢板自制，以一次熔化量能满足一块球面瓦浇注的合金量计算容积。加料前一定要将其清扫干净，不准有任何杂物，熔化合金前将锅加热到100℃以上。

b.熔化巴氏合金

将巴氏合金砸成小块，装入熔化锅内，为了防止合金发生氧化，在其上表面覆盖一层20～40mm木炭渣（最好为粒度10mm左右的干燥木炭）。熔化时加入少量粉状氯化铵并加以搅拌，以利脱氧，延长浇注时间。

控制熔化温度以免过烧，浇注温度一般控制在380～480℃，锡基合金应低于铅基合金。温度最好用高温计测量，工厂有经验的钳工通常用一白纸浸入熔化了的合金液中，白纸不燃，变成褐色，说明温度合适可以浇注，如果白纸着火或明显发黑，表明温度过高。

⑤浇注及脱模检查

a.安装模具

在熔化合金的同时着手安装模具，球面瓦模具为一单边半圆形钢板焊制的胎具，模具的外圆应比瓦衬内径小6～8mm，即预留加工余量。

底瓦与模具之间的缝隙应用耐火泥堵严，以防合金熔液漏出。

b.整体加热

浇注前应将底瓦连同模具（组装后）整体加热至200℃以上，温度检查方法可用纯锡块沿加热底瓦表面接触移动，以开始熔化为合适温度。

c.合金浇注

合金浇注要连续进行，不得间断。大型球面瓦采用直接吊取熔化锅浇注，或用2～3个勺子轮流盛合金熔液连续浇注。

浇注前和浇注过程中，注意清除合金表面熔渣、杂物，以免合金层夹渣。开始浇注时速度不宜过快，可逐渐加快，要连续均匀。

d.脱模检查

脱模必须在整体完全冷却，达到常温时才能进行。脱模时如遇合金局部与模具粘连现象，应轻轻敲击，使其脱开。

脱模后应对浇注质量进行检查。合金表面颜色以无光泽的银白色为好；浇注表面无气孔、夹渣、裂纹；用小手锤轻轻敲击，响声清脆、无哑声，可视为合格。

⑥一种简化底瓦处理工艺——喷砂法

球面瓦经初步除垢后，将其置于耐火砖砌筑的加热炉内加热，熔化旧合金，温度控制在420～480℃。取出底瓦后进行喷砂10min。喷砂用0.7MPa压力将净砂（标准砂）喷向底瓦内表面，将其打磨至整个内表面呈现银白色光泽，再用压缩空气吹净底瓦内表面，立即涂刷氯化锌再镀锡，装模（模具亦应加热）待浇注。以上过程应连续进行，以维持底瓦的浇注温度在200℃以上。与此同时，熔化巴氏合金，力求在模具装好时，巴氏合金熔化达到浇注温度（380～480℃），两者同步进行，以利巴氏合金浇注。

6.球磨机减速机故障排除及修理

减速机通常是由于传动齿轮副的损坏，导致整机失效。

（1）故障实例描述

Φ3m×9m球磨机配套TS1250型国产减速机，投产初期，在二级齿轮副的轮齿表面就出现了局部点蚀，尚未得到很好控制，继而在节圆线附近扩张为发展性点蚀，点蚀无止境地增长，使整个齿根面并延至齿顶面遭到破坏，以致轮齿强度降低，在强大的负荷（特别是磨机的冲击负荷）作用下，二级小齿轮根部产生裂纹，然后顺着齿长方向逐渐发展，直到残余的未裂截面不能承受磨机荷载而引起轮齿局部折断，发展到该齿长1/2以上（连续3个齿）折断，整机失效。

（2）修理方法

整机失效后，有两个处理方案：一是整机更换（预订一台减速机备件）；二是更换受损的齿轮副。

如果采取整机更换的方案，拆除旧减速机，换装新减速机，需40d工期完成。

将旧减速机返回制造厂，利用一级两个大齿轮配装二级小齿轮轴修复作为备件。该厂在后来的修理中，采用以更换受损机件的修理方案亦收到了较好的效果。

具体修理要求如下：

①齿轮副材质由30CrNiMo8改为34CrNiMo3，小齿轮齿面硬度由270HB提高到305～335HB，大齿轮齿面硬度由250HB提高到270～300HB。

②制造、安装按TSFP系列减速机技术要求执行。

③在棒球磨工况下，按主电动机功率920～950kW核算减速机承载能力。

此修理方案，从设计、制造、安装到调试总工期100d（其中安装调试20d），按此方案实施取得了较好的效果。

综上所述，整机更换与受损机件更换的方案对比，如果都在具备配件的同等条件下，更换受损机件的方案较整机更换费用低，修理工期短，但技术风险大。

技术经济比较：

整机更换技术可靠，可缩短齿轮跑合时间，但更换工期长（约40d），直接费用高，使用寿命可达10年左右。当然，这也要看维护操作水平，整机更换也有仅使用2年多即失效的情况。

更换受损机件，技术风险较大，齿轮跑合时间长，但直接费用低，使用寿命相对短些，在较理想情况下可使用4～5年。

具体选用方案应视水泥厂技术素质而定。一般来说，在对球磨机减速机使用经验不足的情况下，以技术可靠性为前提，首先考虑整机更换，而后逐步摸索经验。对于经验成熟的水泥厂应以节约投资为前提，实施以更换受损机件为主的修理方案。

实践证明，采取更换受损机件的方式修理减速机是可行的。

二、立式辊磨的修理

立式辊磨的种类比较多，但它们的结构形式大同小异，工作原理也基本相同。这里仅以丹麦史密斯（FLS）公司生产的ATOX立式辊磨（简称ATOX磨）和德国莱歇公司（LOESCHE）制造的莱歇磨为例作简要介绍。

ATOX立式辊磨由磨盘、磨辊、液压拉伸装置、选粉装置、减速机、电动机等组成。

莱歇磨由磨盘、磨辊、选粉装置、液压加压装置、翻辊装置、传动装置、机体等部分组成。

莱歇磨和ATOX磨的结构基本相似，工作原理也基本相同。但是莱歇磨的结构和ATOX磨比较起来，又具有以下特点：①磨盘上有4个各自独立的磨辊，磨辊之间没有中心架使它们相连。工作时通过摇臂作为一个杠杆（支点在中轴处），把油缸对连杆所产生的拉力传递给磨辊，进行研磨。②磨机上设有一个翻辊装置，是专为检修而配备的专用工具。检修时，只要将翻辊装置与液压装置相连，即可将磨辊翻出磨外。

（一）立式辊磨的故障及修理实例

1.莱歇磨磨辊掘套损坏后的更换

（1）故障实例描述

一台LM35.4型莱歇磨运行了3年之后，出现台时产量明显下降现象。停机打开检查门，经检查发现磨辊辊套表面磨损严重。其中，一个辊套的凸棱被磨掉，辊套表面又被磨成凹槽，另两个磨轴辊套的锥形面的小头有掉块现象。

（2）修理方法

莱歇磨的磨盘衬板和磨辊辊套是易磨损件，国外公司提供设备时的保证条件是其使用寿命一般为20 000h以上。衬板和辊套磨损严重时，会使磨机产量明显下降，磨损到一定程度后，就要考虑更换。另外，为了保护磨机而安装的除铁器对锰钢等材质的铁块不起作用，使硬物件进入磨机内，会造成磨辊根套破损，甚至出现掉块现象，使磨机在运行中出现异常振动，影响磨机平稳运行。因此，修理方法一般为更换磨辊辊套。

2.ATOX磨磨辊漏油的修理

（1）故障实例描述

用于ATOX磨很密封的空气和润滑的油脂，是通过中心架的空气通道和油脂通道进入磨辊内部的。当在磨机机壳内密封空气管道被局部磨破时，风管内进灰，便会磨伤磨辊内部的风道，致使骨架密封、轴承等处进灰，导致磨辊漏油严重，磨机必须停磨修理。

（2）修理方法

①拆卸磨辊

a.将磨辊从中心架上拆下，从机头上拆除拉力杆及扭力杆，将磨辊移出磨外。因为起吊磨跟用的工字梁是固定的，三个磨辊不可能刚好都在工字梁正下方，这时就需要启动减速机泵站，用人工盘动电机，转动磨盘将磨辊转到起吊梁的正下方。中心架可以留在磨盘上，但须将密封空气、润滑油管路及法兰面清洗干净，用塑料布盖好。

b.将磨辊及转轴水平放置，在转轴上依次拆除机头、空气密封圈、轴承盖及骨架密封。

②更换骨架密封及所有的O形密封圈。

a.清洗磨辊轴承、润滑油管道及风管管道。

b.磨辊油泵站油箱清洗换油，并更换油过滤器。

c.更换骨架密封和O形密封圈时，要严格检查其尺寸。

d.在更换。形密封圈时，要严格筛选密封圈的尺寸，并顺着槽内充填密封脂。

③安装磨辊及空气密封圈

a.磨辊与中心架的连接。

b.将空气密封圈安装到转轴上后，要用塞尺检查空气密封圈之间的间隙，其间隙应不大于0.5mm。

c.更换磨损的风管，并在风管和油管外装耐磨护套。

（3）修理后的效果

采用上述方法处理磨辊漏油的问题，修理之后，效果较好，可以保证在两年内无明显漏油现象。

3.ATOX磨中心架位置的调整

（1）故障实例描述

ATOX磨是引进丹麦史密斯公司的设备，已运行多年。当中心架中心与磨盘中心偏差太大时，容易造成扭力杆断裂、球面轴承（又称关节轴承）损坏，磨机振动加大，影响磨机安全运行。

造成中心架中心位置偏移的原因主要有：

①在磨机安装过程中，缓冲块支架机座高度不一致，或缓冲块厚度调整不准确。

②磨机在使用过程中，3个磨辊的衬板磨损不均匀。

③在维修过程中，缓冲块未按原厚度复位。

（2）调整方法

①测量磨辊外侧卡铁与挡料圈的距离。

根据实际需要先给3个磨相编号A、B、C，用角尺测量磨辊相对于挡料圈的距离Y并做好记录。开动液压缸，将磨辊升降2次后，再测量Y值。若同一磨辊两次测量值Y的差值在5mm以内，说明测量数据可靠。若两次测量值Y的差值在5mm以上，应检查原因，更换已损坏零件之后重新测量Y值。

②计算垫片厚度

根据几何推导，三个磨辊的调整垫片厚度δ_A、δ_B　δ_C的计算公式为：

$$\left.\begin{aligned}\delta_A &= -\frac{2Y_B - Y_A - Y_C}{\sqrt{3}} \\ \delta_B &= \frac{2Y_A - Y_B - Y_C}{\sqrt{3}} \\ \delta_C &= 0\end{aligned}\right\} \qquad (6-3)$$

③实际选用的垫片厚度

为了制作和操作方便，当计算结果有负数出现时，应减去垫片的厚度，但在实际中通常不这样做，而将最大的负值设为0，在其余两个数值上加负值的绝对值即可。因此，取：

$$\left.\begin{aligned}\delta_A &= -7.2 + 7.2 = 0 \\ \delta_B &= 17.0 + 7.2 = 24.2(mm) \\ \delta_C &= 0 + 7.2 = 7.2(mm)\end{aligned}\right\} \qquad (6-4)$$

在确定调整方案时，除了要照顾拉力杆的位置外，还要考虑缓冲块与磨和机壳原有垫片的厚度。根据调整后的计算结果，对B辊应垫上厚度为24mm的垫片，对C辊垫上7mm的垫片即可。但是，由于原有垫片的厚度分别为：

$$\left.\begin{aligned}\delta_A &= 25mm \\ \delta_B &= 20mm \\ \delta_C &= 35mm\end{aligned}\right\} \qquad (6-5)$$

若采用加垫片的方法进行调整，会使各组垫片太厚不便安装，而且要更换连接螺杆，因此该厂利用ATOX磨中修机会，采取了在A、B两辊间抽除垫片的方案。当全部减去

17.0mm时，则为：

$$
\left.
\begin{aligned}
\delta_A' &= -7.2 - 17.0 = -24.2(\text{mm}) \\
\delta_B' &= 17.0 - 17.0 = 0 \\
\delta_C' &= 0 - 17.0 = -17.0(\text{mm})
\end{aligned}
\right\}
\tag{6-6}
$$

据此计算结果，应对A辊抽除24.2mm厚的垫片，对C辊抽除17.0mm厚的垫片。但该厂在实际操作中，把A辊的垫片抽掉了25mm，把C辊的垫片抽掉了20mm。

4. ATOX磨磨辊拉力杆断裂的处理

（1）故障实例描述

一条日产水泥2 000t的生产线中，生料粉磨设备是选用丹麦史密斯公司制造的ATOX37.5型立式辊磨，该磨机在投入运行的6年中曾多次发生拉力杆断裂故障。

拉力杆断裂的原因主要有如下几个方面：

①磨辊在工作中会产生振动，而磨辊和磨盘的衬板因不均匀磨损又会使振动加剧，磨辊的振动对拉力杆产生一个突变的应力。

②扭力杆支座处的缓冲块老化，失去缓冲作用。

③由于振动和磨损使扭力杆与拉力杆位置偏移，不仅使扭力杆失去保护作用，而且会对拉力杆形成扭弯作用，对拉力杆产生扭矩。

由于上述原因的综合作用，而使拉力杆断裂。

（2）处理方法

①加大拉力杆直径

考虑到使用钢材的材质以及加工技术水平的差异，某厂决定将拉力杆直径由原来的115mm改为120mm。

②更换扭力杆支座中的缓冲块

缓冲块长期使用之后，因老化、硬化而失去缓冲作用（原来每块厚125mm，后来只有120mm）。为保持应有的缓冲作用，决定全部更换新缓冲块。

③调整拉力杆位置

拉力杆与扭力杆应保持垂直。由于前述原因使拉力杆与扭力杆位置发生偏移时，应保持磨辊组合中心与磨盘中心重合，扭力杆与拉力杆垂直。

（3）效果

经过多年摸索，采取上述措施后，拉力杆使用周期大大延长，通常可以使用一年以上。

（二）立式辊磨常见机械设备故障产生原因及处理方法

莱歇磨的常见机械设备故障产生原因及处理方法列于表6-1中；ATOX磨的常见机械设备故障产生原因及处理方法列于表6-2中。

表6-1　莱歇磨常见机械故障产生原因及处理方法

故障	产生原因	处理方法
磨辊油缸连杆断裂	连杆长期受突变应力的冲击，在连杆螺纹处应力最集中，产生疲劳断裂	更换连杆
磨辊油缸的活塞杆头部连接螺纹处断裂	连杆长期受突变应力的冲击，在连杆螺纹处应力最集中，产生疲劳断裂	更换活塞杆
磨辊油缸连杆与穿心轴销的轴承磨损	润滑不良引起轴承损坏	将销轴割断，取出轴承，更换新轴承和新销轴
磨辊油缸盖与活塞杆处漏油	油封被磨损	更换油封，一般2~3年更换一次
循环风叶振动大	工作介质含尘多，磨损大	①在停磨时，对风叶进行动平衡试验；②用焊补的方法，解决平衡问题；③磨损严重时，应更换风叶叶轮
循环风叶无载端轴承损坏	①磨机循环风叶机经常开停，风叶叶轮轴不断因冷热而胀缩；②工作介质和环境含尘多	更换轴承
主减速机齿轮传动装置润滑油泄漏	①在输出端和止推轴承罩之间有少量泄漏；②在输入端有少量泄漏	在检修时，拆卸齿轮传动装置，更换密封毡
	紧固件没有充分拧紧	按规定拧紧紧固件
低压油泵系统供油压力不足而引起的报警或磨机停车	①低压油系统有泄漏；②低压油泵系统吸气管阻塞；③油过滤器阻塞；④油泵损坏	①检查低压供油系统，修理泄漏的管道，泄漏严重时，应停磨后处理；②清理阻塞的吸气管；③清理油过滤器；④更换油泵
高压润滑油泵系统的压力不足而引起的报警或磨机停车	①高压润滑油系统有泄漏；②高压泵系统的吸气管阻塞；③润滑油过滤器阻塞；④油泵损坏	①检查高压润滑油系统，修理泄漏的管道，泄漏严重时，应停磨后处理；②清理阻塞的吸气管；③清理油过滤器；④更换油泵

表6-2　ATOX磨常见机械故障产生原因及处理方法

故障	产生原因	处理方法
减速机振动大	①入磨物料粒度太大或太小; ②衬板磨损; ③喷水系统水量不够; ④氮气压力不够	①调整物料粒度; ②更换衬板; ③检查、调整喷水量; ④补充氮气
磨辊漏油	①磨辊骨架油封损坏; ②磨辊空气平衡管道堵塞; ③磨辊过充油; ④磨辊密封风机管道破损	①拆卸磨辊更换骨架密封; ②检查清洗空气平衡管道; ③检查、调整负压; ④清理管道并焊补
磨辊无法升起	①油泵损坏; ②油泵反转	①更换油泵; ②调整油泵运转方向
液压系统不能正常工作	①加热器损坏; ②冷却水管道堵塞; ③加热泵损坏	①更换加热器; ②清理管道或更换过滤器; ③更换加热泵
减速机泵站或磨辊润滑油泵站不能正常工作	①加热器损坏; ②冷却水管道堵塞; ③加热泵损坏	①更换加热器; ②清理管道或更换过滤器; ③更换加热泵
	①流量报警; ②压力报警	检查油过滤器并进行处理
选粉机振动大	①导风叶片磨损; ②转子磨损	焊补或更换
	电动机故障	检查转子、联轴节、主轴轴承,发现故障并进行排除
吸水管破损	磨内风量太大	在喷水管外部增加耐磨护套并定期更换

三、回转窑的修理

(一)回转窑的故障及修理实例

1.窑筒体环向断裂的修理

(1)故障实例描述

一台 Φ3.5m×145m湿法回转窑窑中喂料处磨损,造成筒体断裂。由于裂纹周向长度约占窑筒体周长的64%,为此决定更换该段1 100mm长的筒体。

(2)修理方法

①画线

从中喂进料口的中心线至窑头方向580mm距离处，在窑筒体上画圆周线，此线为窑头方向精割线。以窑头方向精割线为基准，向窑尾方向1 100mm距离处的筒体上画圆周线，此线、为窑尾方向精割线。

分别在两条精割线两侧画出粗割线、检查线（检查线画在不更换的筒体上、粗割线画在更换的筒体上），粗割线离精割线20mm，检查线离精割线50mm；在各检查线上打样冲眼，以便识别。

②割除旧筒体

沿粗割线分别在窑上方、窑内下方用氧气割筒体，并吊下旧筒体。特别要注意测量旧筒体在吊下时的实际斜度。其测量方法为：先在旧筒体低端上方吊一线坠，待线坠稳定不动后，测量筒体底端下离该吊垂线的距离值A_1，此距离值A_1要测量3次，A_1值一定要做到准确无误。且应注意记清吊线坠放置的位置和测量点所在位置。

③吊装新筒体

在换装的新筒体准备好（包括制作安装米字撑）后，吊起新筒体，反复根据对接端米字撑方位摆好新筒体的位置，使新、旧筒体对接端的米字撑一一对应；并反复根据A_1值调整新筒体的起吊位置，一定要确保吊起的新筒体斜度与换上的旧筒体斜度相等。这两项措施是确保更换筒体能否顺利完成的关键。

在摆放新筒体的同时或之前，将已割除的旧筒体保留两端筒体按精割线修割，并按图纸要求修割出坡口，还要将未换旧筒体的开档拉开、顶开或通过转窑来旋开。在本例中，由于有特殊情况：此次更换筒体为意外处理事件，停窑时为热窑，割下旧筒体后，等待制作新筒体，换新筒体时，时间已达4天，且停窑与换筒体两天的气温相差较大，换新筒体时气温低10℃，实际未换旧筒体开挡尺寸为（1 100+10）～（1 100+20）mm，所以自然现象已使开挡尺寸拉开，而无需人力。

④新旧筒体对接

先对接新筒体窑尾方向，待窑尾方向对接好后，转窑，使窑头方向旧筒体米字撑与新筒体靠窑头方向米字撑方位相同，再对接新筒体窑头方向的新、旧筒体。其开挡应通过拉、顶或液压挡轮的运用，使新、旧筒体紧密相连。

⑤调整、焊接

调整新旧筒体对接间隙和跳动量；焊接接口，拆米字撑等；转窑，检查窑筒体接口间隙、剖口、中心线，校正及焊接。

⑥转窑

复查新旧筒体两接缝处的跳动量，做好记录。

2.筒体局部短裂纹的修理

（1）故障实例描述

一台Φ3.5m×145m湿法回转窑1#墩尾端筒体磨损产生局部短裂纹。

（2）修理方法

处理方案：采用加强板补强。

用14mm厚的钢板、尺寸为560mm×490mm，在滚板机上按图纸要求卷板。

3.更换轮带的基本方法

更换Φ3.5m×145m湿法回转窑1#轮带，其具体方法如下所述：

（1）准备工作

①新轮带的检测

检查并记录轮带内径尺寸。用钢卷尺沿新轮带外圆测量三圈（轮带两侧圈及中间圈）周长；再测量轮带8等份圈周各点对应的轮带厚度。由此计算出轮带的内径尺寸。

测量轮带8等份圈周各点对应的轮带处圆柱面的宽度，并记录。

②测量轮带垫板处筒体外径

拆除旧轮带及垫板后，用钢卷尺测量1#轮带处筒体外圆扁长，分靠窑头、窑尾和中间三处测量，取三者平均值，得出对应的筒体外径值。

注意，应在拆换旧轮带位置做记号，以便新轮带换上时确定新轮带的位置。

（2）垫铁拆换

根据计算厚度，按设计的垫铁数量，在原垫铁部位或新确定的位置安装点焊所有垫铁。

（3）轮带套装、定位，挡轮圈焊接

1#轮带从窑头密封圈处进、出，新轮带套装到位后，按旧轮带位置标记定位（亦可做适当调整）。

拆旧轮带前，在轮带靠窑尾端用千斤顶将窑顶稳；在两托轮组工作位置做好标记后，将托轮退出。

新轮带换上并定位后，安装轮带两侧挡轮圈，并按设计预留间隙，焊接挡轮圈，然后将点焊好的垫铁按设计要求焊好。

（4）托轮调整定位

参照原标记，并依据新轮带与旧轮带外径差，做适当调整后定位，并做好记录。

（5）窑筒体运行中心线测量调整

新轮带安装完毕，应对窑筒体运行中心线进行一次全面测量（测量方法见安装相关内容），依据测量结果调整各托轮组。

4.轮带辊板裂纹的修理

（1）故障实例描述

一台Φ3.5m×145m回转窑，投产五年后发现1#轮带辊板铸造孔间有两条全透性裂纹。经分析，该裂纹系铸造裂纹扩展所致。

（2）修理方法

由于该厂1#轮带磨损量小，尚可继续使用多年，故决定采用加强板焊接工艺进行修理。

①加强板和拉杆的制作

a.加强板的制作方法

用40mm厚的钢板，气割成加强板2块，再按轮带铸造孔的部位尺寸，各钻出3个Φ42mm的孔，并将加强板及孔的周边加工出30°的割口。

b.拉杆的制作方法

用Φ40mm的圆钢制成长度为700mm的钢棒3根，钢棒两端各加工出M36×60mm的螺纹，配12个M36的螺帽备用。

②加强板焊接

a.加强板固定

清除轮带两侧安装加强板部位的油垢，并适当打磨平面。然后将两侧加强板贴于轮带两侧（加强板有剖口面靠轮带辊板），穿上拉杆，用螺母收紧，使加强板紧紧地与轮带两侧贴合密实。

b.焊接加强板

先将轮带和加强板用氧-乙炔焰进行局部加热，温度控制在100～150℃，且应加热均匀，再适当收紧螺母。

采用T506焊条，直流电焊机施焊，全周边分三层焊接，每层焊接按一定顺序进行，以控制焊接受热区和热应力。焊接时要用手锤不断敲击施焊区轮带辊板，消除或减弱铸造辊板的焊接热应力。

c.焊接拉杆

拆除一根拉杆一端的螺母，将拉杆与加强板焊接；然后拆除另一端螺母，将拉杆与加强板焊接。三根拉杆均与加强板焊牢。

割除拉杆两端多余部分，使拉杆与加强板表面平齐。

5.回转窑运行中心线的测量与调整

（1）故障描述

回转窑在运转中，窑筒体运行中心线应保持平直。长期运转的回转窑，由于基础的不均匀下沉，支承部件的不均匀磨损，托轮不恰当调整等原因，会造成中心线变动。工程技术人员要定期测定窑筒体运行中心线，并依此做必要的调整，以保持窑筒体运行中心线的直线度，维持回转窑的长期安全运转。回转窑运行中心线的测量有多种方法，下面介绍各厂通常采用的经纬仪法和激光法。

（2）处理方法

①经纬仪静态测量回转窑运行中心线

Φ3.5m×145m湿法回转窑，有6组支承托轮，自窑尾（窑喂料端）至窑头（窑出料端）依次为1#托轮、2#托轮……6#托轮，在3#托轮处设有推力挡轮两组。

a.采用经纬仪静态测量窑运行中心线

测量用的工具：经纬仪1台，无线电对讲机2部以上，斜规（自制）2个，以及专用水平尺（精度不大于0.04mm/m）、钢卷尺（30m）、钢直尺（2m）、地规、测标（自制）、吊线坠、标杆等。

准备工作：测量各组托轮轮带周长，换算出轮带外半径R，和托轮半径r，测量各组托轮中心距、各挡轮带顶间隙。

b.测量数据及相应表格的填写

标准尺寸：轮带半径$R=2\ 200$mm、托轮半径$r=600$mm，应测量各挡托轮中心距、轮带与垫铁顶间隙、水平中心线偏差值、垂直中心线偏差值。

②拟订调窑方案和调整值

a.调窑方案

调整窑筒体中心线在水平、垂直两个方向的偏差，有三种方法：移托轮轴承、换新托轮和在托轮轴承与基础板间放置垫板。

b.计算调整值

各挡托轮轴承座移动值计算如下：

向内、向外是表示轴承座移动方向；下面式中的1.7为$\tan\alpha$的计算值；托轮的左右位是从窑头方向朝窑尾方向看而定；以下移动值数据单位均为mm。

c.调整托轮

在轴承座与地脚板上画线。每个托轮两侧画两条线，即移动前位置线和移动后定位线。

静态调整托轮轴承座。先在轮带处架千斤顶，将窑顶起，再移动轴承座到指定位置，紧固好轴承座，再将窑体卸在托轮上。

d.在调整过程中应注意的事项

移动量太大时，可分多次进行，以避免局部托轮受力过大。

调整后，应检查传动齿轮的顶间隙。

检查窑冷态下托轮与轮带是否脱空。

检查各轴承瓦间隙在调整托轮位置后的变化情况。

③激光仪窑内测量中心线及调整。

例如，Φ3.5m×145m和2#Φ3.5m×145m湿法回转窑进行大修，更换烧成带筒体。在新旧筒体中心线找正时，采用激光窑内测定法，收效很好。

准备工作如下：

a.新筒体的检查和定圆心。

按图纸检查几何尺寸和纵横焊缝的位置，检查焊缝焊接质量，检查筒体接口的椭圆度。对检查发现的问题应予以更正。

找新筒体的圆心。利用新筒体两端口，架立米字撑，在米字撑中央圆盘上找出筒体的圆心，并画出Φ80mm及Φ60mm的两个同心圆。在米字撑的8个撑杆上打好样冲眼，割出8个Φ60mm孔。

b.在筒体上画切割线，架米字撑

在窑外将须换下的每段筒体上画切割线和校对线（或检查线）。切割线与校对线相隔100mm，校对线每隔50～100mm打样冲眼。在离切割线150mm处的保留筒体内，架设符合要求的米字撑，找圆心，割Φ60孔。

c.窑内装设激光测标

在窑内每个轮带位置装一个测标，再在窑头、窑尾离窑口150mm处各装一个测标（由于窑共有7个轮带，所以总计有9个测标）。窑尾的测标为靶点中心，不割中心孔。装设窑头、窑尾测标的目的是在窑中心线调好后检查偏摆用。

④筒体拆换前窑的中心线测量和调整

在窑头装好激光测直仪，根据每个轮带位置的测标，调好窑的中心线，测量方法见安装相关内容。

⑤拆换窑筒体

a.旧筒体割断拆除

吊好筒体，先在离切割线一定距离的地方将换的那段筒体割断吊走，再按切割线进行精割，最后打好焊接坡口。

将窑头一段保留筒体向窑头方向拉开100mm，并固定好。

b.新筒体段节吊装、对接

根据四个接头处的米字撑位置定出起吊环焊接位置，确定换新筒体的接口连接方向（哪头是接窑头方向的筒体，哪头是接窑尾方向的筒体），其原则是纵焊缝要错开50mm以上的距离。

c.新筒体段节的测量找正

收紧2×8-M50对接螺栓，把窑头端的筒体拉回原位，用激光仪检查测标中心，测量激光光斑（即理想的窑中心线）与每一测标中心的偏离方位和尺寸，根据偏差来调整相应的托轮。通过激光仪的检测，能够很直观地调整窑中心线，这样筒体就找正了。在筒体找正后，将2×8-M50对接螺栓全部收紧（接口处已按焊缝要求垫有垫铁板）。同时，调整接口的径向位置差，调整好后，再用激光仪检查各测标的中心位置，若有变化，应相应调整。

通过上述的调整与找正，就可以进行筒体焊接。

⑥全面复查

当拆换筒体焊接完毕后，将窑慢转2～3圈，全面检查一次测标的中心线偏差、再进行一次调整，最后记录下各挡的中心线偏差、接口处的中心线偏差、窑头窑尾的中心偏摆。

至此，激光窑内测定换筒体工作完成。

（二）回转窑常见故障、原因分析及处理方法

回转窑发生的故障主要有机械方面的原因和工艺方面的原因，回转窑常见的故障、产生原因和处理方法见表6-3。

表6-3　回转窑试运转中常见故障、原因分析及处理方法

故障	原因分析	处理方法
托轮轴承发热，轴瓦拉毛或轴头挡瓦发热	油位过低、油勺（油环）带不起油； 油勺装反，无法舀油； 油质不良或过稀； 轴承进入砂子等杂物； 淋油点不当或不均匀分布； 轴瓦进油槽过浅或间隙过小； 窑筒体窜动过快或频繁； 托轮吃力过大或托轮向一头窜动； 冷却水不畅，流量小或阻塞	加油； 重新改装； 换油； 清洗换油； 调整； 重新乱研轴瓦； 调整轴窜状况； 调整吃力状况； 疏通水路
传动齿轮咬根或齿顶拉毛，齿面磨损过快	啮合间隙过小或过大； 接触面不良； 润滑油稀或油脏、有杂质； 齿轮加工精度差； 材质不佳或热处理不当，齿面硬度达不到要求	调整齿隙； 检查调整径向跳动、端面偏摆和接触面； 清洗换油； 修理； 加强维护，维持运转

（续表）

故障	原因分析	处理方法
减速机异响振动大	径向止推轴承间隙过大、齿窜； 联轴节同轴度偏差大； 润滑油过稀或齿面淋油点不当； 地脚螺栓松动或上盖未盖死； 减速机加工、装配质量差	调整轴承间隙； 调整同轴度； 换油或调整淋油点； 紧固； 修理
托轮与轴带接触面过小，出现"亮线"	窑筒体局部弯曲； 轮带套装不正或托轮歪斜角过大； 托轮或轮带母线直线度偏差大； 托轮或轮带有大小头； 托轮与轮带干摩擦	维持运转； 调整歪斜角； 维持运转； 维持运转； 适当加油润滑
轮带与窑筒体垫板出现咬啮现象，甚至拉伤	垫板有毛刺、飞边； 轮带内径加工精度差，有硬点； 轮带外圈与垫板之间有杂物； 轮带内径与垫板之间间隙过大，相应走动量大； 轮带与垫板干摩擦	设法消除； 维持运转，加油润滑； 用压缩空气吹扫，清除杂物； 维持运转，以后调整； 加油润滑
窑头、窑中或窑尾罩局部摩擦，引起颤动	外罩变形或安装不同心； 窑筒体窜动过快或超限； 异物卡住； 窑筒体轴线偏差大； 局部间隙过小，以致压死	整形或调整； 调整窑窜状况； 清除异物； 适当调整间隙，加油润滑； 适当调整间隙

注：1.以上仅为回转窑试运转中常见故障，当然也会有意外，如断轴、打齿、螺栓断裂等。

2.出现上述故障时，有的可维持试运转；有的边处理边试运转；有的必须立即停机处理，不得强制运转。

第七章　机械设备润滑及维护保养

第一节　设备的润滑

一、润滑的作用

润滑就是在相对运动的两零件摩擦表面之间，加入某种润滑材料，从而在某种程度上把原来接触的两摩擦表面，用润滑材料分隔开来，中间形成具有一定厚度的润滑膜以减少机器摩擦与磨损。凡是能加入两摩擦表面的间隙中，能降低摩擦阻力、减少磨损的一切物质都可以作为润滑材料。

润滑对设备的主要作用和目的有下列几点：

（一）减少摩擦和磨损

当接触表面之间加入润滑介质后，摩擦表面不发生或尽量少发生直接接触，从而降低摩擦系数，减少磨损。

（二）冷却作用

机器在运转中，因摩擦而消耗的功，全部转变为热量，引起摩擦零件温度升高，当采用润滑油进行润滑时，热量通过润滑油散发和带走，从而起到摩擦表面的冷却和降温作用。

（三）防止锈蚀

摩擦表面的润滑油膜使金属表面和空气隔开，保护金属表面不受氧化锈蚀。

（四）冲洗作用

润滑油的流动可将金属表面由于摩擦和氧化而形成的碎屑和其他杂质冲洗掉，以保持摩擦表面的清洁。

此外，润滑油还有阻尼振动、密封等作用。但是，这些作用是彼此依存、互相影响的。

二、润滑的分类

（一）按润滑材料的形态分类

在各种机器中所用的润滑材料，就其形态可分为以下四类：

1.液体润滑材料，如矿物润滑油，合成润滑油，动物、植物油，乳化液，水等；

2.凝胶状（半液体）润滑材料，如矿物润滑脂，动物脂等；

3.固体润滑材料，如石墨、二氧化钼，以及某些金属的或塑料的自润滑材料；

4.气体润滑材料，如在气体轴承中所使用的空气等。

在建材机械中使用最普遍的润滑材料是前面两类。

（二）根据相对运动构件之间的润滑状态分类

根据相对运动构件之间的润滑状态，润滑可分为液体润滑、半液体润滑、边界润滑和无润滑。

1.液体润滑

液体润滑是在摩擦表面之间加入液体润滑剂后，产生足够厚度（一般为$1.5 \sim 2\mu m$）和强度的油层性液体油膜，使两个摩擦表面完全分开，由油膜的压力平衡载荷，运动时只是在油膜内部的油层分子间产生摩擦的一种润滑状态。

液体润滑摩擦阻力小，可以改善摩擦副的动态性能，有效地降低磨损。因此，设备润滑技术的主要要求是在可能条件下，最大限度地在摩擦表面形成液体润滑。常用液体润滑剂主要是各种润滑油。

液体润滑根据油压形成方法又可分为两种：一种是利用摩擦表面，在能产生油楔作用的条件下，使油自然产生压力，对抗外载以分离表面，称为液体动压润滑；一种是用油泵将润滑油压入摩擦副内，使油在摩擦表面之间保持一定的抗压能力，硬把接触表面分开，称为液体静压润滑。常见滑动轴承，以及在导轨接触面上开有带油角的油槽动压导轨等，都应用了液体动压润滑的原理。静压轴承、静压导轨等都应用了液体静压润滑的原理。

2.半液体润滑

半液体润滑是在摩擦表面之间加入液体润滑剂后，由于摩擦表面粗糙不平，或负荷较大，或运动速度变化较大，使其余部位仍然是液体润滑的一种状态。

半液体润滑往往与液体润滑、边界润滑同存于导轨、齿轮、轴承等摩擦副之中，并且其润滑状态会随着油量的大小、油性的好坏、工作条件的变化而互相转换。

3.边界润滑

边界润滑是在两个摩擦表面之间，仅存在着一层极薄的吸附性边界油膜，没有油层存在，运动时只在上下两层吸附着的油膜之间产生摩擦的状态。它是一种界于液体润滑和干摩擦之间的边界状态。当负荷加大或者运动速度改变时，边界润滑就会遭到破坏，引发干摩擦。

边界润滑主要出现在直线往复运动摩擦表面的两端部位，齿轮啮合传动之中，冲击力较大的摩擦部位以及处于高温、高负荷、低速度或者刚开车状态的摩擦表面之间。

4.无润滑

无润滑也称干摩擦，即运动摩擦表面之间没有任何润滑介质。在相对运动机件中除自动机件外，是不允许出现无润滑的。但是设备在运转中由于系统的故障，润滑材料的失效，工作人员失职等原因，很可能出现这种无润滑状态，此时机器将发生故障。

三、润滑油

润滑油是液体润滑材料。它除了能减小摩擦阻力、减少磨损外，还有降低温度、防止锈蚀、冲洗磨屑、阻尼振动等作用。因此润滑油是机器设备最常用的一种润滑材料。

润滑油的使用性能就是指润滑油满足机器设备润滑需要的程度。在选择润滑油时，一定要科学地对待，不能脱离具体的机器设备去选择润滑油。否则，就会错用润滑油，达不到润滑机器的目的，造成机器设备的严重事故。但要真正选用好润滑油，并不是一件简单的事情，必须具备一定的理论知识和较丰富的实践经验，全面考虑润滑油的各项指标，才能选用满足机器设备润滑的润滑油。

润滑油的主要技术指标及分类如下：

（一）润滑油物理、化学性能指标

1.黏度

黏度是流体内部阻碍其相对流动的黏滞力大小的量度。

黏度标志着润滑油的流动性及在摩擦面间所能形成的油膜厚度。高黏度的润滑油流动性差，不能流到配合间隙小的两摩擦面之间，起不到润滑作用；但它能够承受较大的载荷，不易从摩擦面挤出去，而保持一定厚度的油膜；由于内摩擦大，在高速运转的情况下，油温易升高，功率损耗也大。低黏度的润滑油则相反。因此黏度是润滑油的一项重要的理化性能指标，它对机器设备的润滑好坏起着决定性的作用。

黏度的大小可用绝对黏度（动力黏度、运动黏度）和条件黏度表示。我国对润滑油的黏度多采用运动黏度和条件黏度中的恩氏黏度表示。

2.黏度指数

液体的黏度几乎完全取决于分子间力。当温度升高时，液体膨胀，分子间距离增大而分子间力减小，结果使黏度减小；相反，温度降低时，黏度增高。

黏度指数是衡量润滑油黏度随温度变化程度的一个主要指标。黏度指数高，说明润滑油的黏度随温度的变化小，即黏温曲线平稳，黏温性好；反之，黏温性差。

3.闪点和燃点

润滑油在规定的条件下加热，蒸发出的油蒸气和空气所形成的混合物与火焰接触发生闪光现象时的最低温度，称为该油的闪点。闪点分开口闪点和闭口闪点。开口闪点用开口容器测定，适用于轻质油；闭口闪点用带盖容器测定，适用于重质油。如果闪光时间长达5s，则此时油的温度叫作燃点，单位为℃。

根据闪点和燃点可以知道润滑油中易挥发物（低沸点蒸馏物）的含量，可以间接地确定易燃性，表示了润滑油在高温下的稳定性，反映了它的最高使用温度。为了保证安全，在选用润滑油时，一般应使润滑油的闪点高于使用温度20～30℃。

4.凝点

将要测定的润滑油放在试管中冷却，直到把它倾斜45°，并经过1min后油面不流动时的最高温度叫作润滑油的凝点，单位为℃。

如果使用温度达到润滑油的凝点，其流动性就会丧失，润滑性能显著变坏，所以低温下工作的机器（如冷冻机及冬季室外工作的机器），应选择凝点低的润滑油，以满足润滑的要求。一般要求润滑油的凝点比使用温度低5～10℃。

5.酸值

中和1g润滑油的酸所消耗的氢氧化钾的毫克数为该润滑油的酸值，单位为mgKOH/g。

润滑油的酸值表示了油中有机酸和其他酸的总含量，其中以低分子量的有机酸占多数。酸能腐蚀金属并使润滑油加速氧化变质（呈酸性），致使润滑作用变坏，因而润滑油的酸值必须控制在规定的范围内。

6.水溶性酸和碱

油品中的水溶性酸和碱是指能溶入水中的无机酸及低分子有机酸和碱的化合物等。新油呈现水溶性酸和碱，一般是由于油料在精制过程中没有处理好，或在贮运过程中受到污染。润滑油在使用中呈现水溶性酸或碱，主要是由于氧化变质。水溶性酸或碱会严重腐蚀机械设备，对变压器油，除引起设备腐蚀外，还会造成事故。

一般情况下，润滑油中不允许含有水溶性酸和碱。但加入某些添加剂后，由于添加剂的影响，使润滑油呈酸性或碱性反应。例如，加防锈添加剂的汽轮机油就允许有弱酸性，加清净分散剂的汽油机油和柴油机油就允许呈碱性反应。

7.机械杂质

凡是沉淀或悬浮于润滑油中可以过滤出来的物质，都称为机械杂质。这些杂质大部分是砂土或铁屑之类。它严重影响润滑效果，使磨损加剧，机件加热，并堵塞管路，加速油口氧化变质等，因而必须控制油中机械杂质的含量。

机械杂质是以试油和溶剂的热溶液过滤纸过滤后的残留物质量与试油质量的百分数来表示的。

8.水分

润滑油的水分是指润滑油中含水量占试油质量的百分数。

润滑油中的水分破坏润滑油膜,影响润滑效果,并加速有机酸对金属的腐蚀,使润滑油内容易产生沉淀。对含添加剂的润滑油危害更大,因为添加剂大部分是金属盐类,遇水就会水解,使添加剂失效,产生沉淀,堵塞油路。不仅如此,润滑油中的水分在使用温度低时,由于接近冰点使润滑油的流动性变差,黏温性能变坏。当使用温度高时,水汽化不但破坏油膜而且产生气阻,影响润滑油的循环。

(二)润滑油的种类和用途

1.润滑油的分组

根据石油产品的主要特征对石油产品进行分类,其类别名称分为:燃料F、溶剂和化工原料S、润滑剂和有关产品L、蜡W、沥青B、焦C六大类。润滑剂和有关产品的代号为英文字母"L"。

2.齿轮油

齿轮油是用来润滑各种类型齿轮的。齿轮油分工业齿轮用油和车辆齿轮用油两大类。

工业齿轮用油主要用于工业设备中中等使用条件下操作,而又希望延长润滑油使用寿命的各种封闭式齿轮副的润滑。常用的是极压工业齿轮油。

极压工业齿轮油是在工业齿轮油中加入极压添加剂而制成的,此外还要加入抗磨损以及防锈、抗泡沫等多种添加剂。极压添加剂主要是一些含硫、磷、氯的有机化合物(分别称为硫系、磷系、氯系添加剂)。当齿轮副摩擦条件加剧,接近边界润滑状态,两个摩擦面的微观"峰"相互摩擦时,形成了极高的局部高温。一般最低在200℃以上时(极压添加剂的类型不同,起作用的温度有所不同),添加剂的分子开始与达到高温的"峰"发生化学反应,生成一种特殊的金属化合物,如硫化物、磷化物、氯化物等。这些化合物作为一种塑性体充实在摩擦面之间,从而防止了摩擦面的擦伤或烧结。

(1)硫铅型极压工业齿轮油

由于加有硫系极压添加剂等各种添加剂,其油膜强度大,摩擦系数低,对高载荷、冲击载荷都可以维持有效油膜,润滑可靠;有较好的氧化安定性,抗腐蚀性好,不易腐蚀铁及有色金属;还有较好的防锈性和抗泡沫性。

这种油适用于承受重载及反复冲击载荷的工业封闭齿轮减速机,尤其适用于水泥、橡胶、造纸、矿山机械等常受重载、冲击负荷,一般不接触水的减速机。

(2)硫磷型极压工业齿轮油

这类齿轮油主要加有磷系极压添加剂，与硫铅型极压工业油相比，在下列三方面更为突出：良好的抗腐蚀性和极压性；优良的分水性，可使进入油中的水分及时排出；热氧化安定性好，能在80℃以上的齿轮箱中长期使用。

（3）开式齿轮油

开式齿轮油的特点是有一定的黏附性（加有黏附剂），防止润滑油从齿面流失，因而在齿轮、链条表面附有一层能防锈、防腐、抗摩、润滑的油膜，可延长齿轮、链条的使用寿命。开式齿轮油适宜于高负荷，在大、中、小型开式齿轮或链条上使用。

3.汽轮机油

汽轮机油又称透平油，浅黄色透明液体。因加入抗氧化、抗泡沫、防锈等添加剂，故在高温下有高度的抗氧化能力（本值不提高）；有良好的抗乳化性，浸入的水分能迅速完全分离；精制程度很高，低酸性、低灰分，无任何机械杂质、水溶性酸碱。它主要用于蒸汽轮机、水轮机和发电机轴承的润滑。

汽轮机油分为两类：抗氧型和抗氧防锈型。

四、润滑油的选用

根据部分工厂统计，设备事故中润滑事故占很大比重，而润滑材料选用不当又是造成润滑事故的一个重要因素，因此润滑油选择的适当与否是正确组织润滑油工作的前提。选择润滑油时，除掌握润滑油的物理、化学性能外，还应对机器设备的工作条件、工作环境，采用的润滑装置等做具体分析，根据具体情况选用合理的润滑油。

（一）根据机械设备的工作条件和工作环境选用

1.首先要根据工作条件进行选择

摩擦表面之间的相对运动速度越高，形成油楔作用的能力就越强。因此，在高速运动的摩擦副内加入的润滑油应该黏度较低。摩擦表面单位面积的负荷较大时，应选用黏度较大，油性较好的润滑油。使处于液体润滑状态的油膜具有较高的承载能力；使处于边界润滑状态的边界油膜具有良好的润滑性能。对于有冲击振动负荷及往复、间歇运动的摩擦副应选用黏度较大的润滑油。

2.要考虑使用润滑油的周围环境

环境温度较高时，应采用黏度较大、闪点较高、油性较好、稳定性较强的润滑油。环境温度较低时，应选用黏度较小，凝点较低的润滑油。若环境潮湿有水，应选用抗乳化性能、油性、防锈蚀性能均较好的润滑油。

3.选择润滑材料不能忽视摩擦表面的具体特点

例如，摩擦表面之间的间隙越小，用油黏度应越低；表面越粗糙，用油黏度应越大，对于润滑油容易流失的部位，应采用黏度较大的润滑油。

4.还要针对实际使用的润滑方法进行合理选择

例如，用油绳、油垫润滑时，为了使油具有良好的流动性，应使用黏度较小的润滑油。用手工加油润滑时，为避免油过快流失，应使用黏度较大的润滑油。在压力循环润滑中，油温较高，应使用黏度较大的润滑油。

（二）根据润滑油的名称、性能选用

国产润滑油，一般是按所润滑的机器命名的。如润滑压缩机的油叫压缩机油，润滑柴油机的油叫柴油机油，润滑工业设备中齿轮的油叫工业齿轮油，润滑一般通用机械的油叫机械油。因此，选择机器的润滑油，应使润滑油的名称尽量符合机器的名称。

（三）参考现有设备润滑情况选用

在生产实践中也可以利用类比法，以同类型、同类条件的机器作为借鉴，根据历史资料和实验，确实有效地选用润滑油也是可靠的。但应注意油品新技术的发展情况，千万不可墨守成规。

五、润滑脂

润滑脂属于胶凝性可塑性润滑材料，它介于液体和固体之间，习惯上称黄油或干油。

（一）润滑脂的组成和分类

润滑脂由基础油和稠化剂按一定的比例经稠化而制成。基础油通常采用矿物润滑油，例如$30^{\#}$或$40^{\#}$机械油，$11^{\#}$、$24^{\#}$汽缸油等。也有采用合成油的，例如合成烃油，酯类油等。为了改善润滑脂的性能，亦可加入抗氧化，极压抗磨、防锈等添加剂。

稠化剂分为皂基和非皂基两种。由天然脂肪酸（动物脂或润滑油）或合成脂肪酸和碱土金属进行中和（也称皂化）反应，生成的脂肪酸金属盐即为皂。用皂稠化的润滑脂称为皂基润滑脂；用非皂基物质（石蜡、地脂、膨润土、二氧化钼、炭黑等）稠化的润滑脂称为非皂基润滑脂。润滑脂按其不同的稠化剂组成、用途和特性区分，有以下各种类别：

1.单皂基脂

单皂基脂是指用一种皂作为稠化剂制成的润滑脂。如以钙皂（脂肪酸钙）、钠基润滑脂、锂基润滑脂、铝基润滑脂、钡基润滑脂等作为稠化剂制成的润滑脂。

2.混合皂基脂

混合皂基脂是指用两种皂作为稠化剂，用以提高性能所制成的润滑脂。如以钙皂和钠皂稠化剂制成的润滑脂称为钙钠基润滑脂。用其他混合皂基的还有钙铝基润滑脂、铝钡润滑脂等。

3.复合皂基脂

除用皂基外，再加入复合剂以提高性能，经稠化制成的润滑脂，称为复合皂基脂。如以醋酸为复合剂和钙皂稠化制成的润滑脂称为复合钙基润滑脂。

4.非皂基脂

除上述用金属皂作为稠化剂外，还有用非金属作为稠化剂的润滑脂，称为非皂基润滑脂。例如，用以石蜡和地蜡为主的稠化剂制成的凡士林，用无机化合物为稠化剂制成的二硫化钼脂、碳黑脂、膨润土脂等。

（二）润滑脂的主要物理化学性能及评定

润滑脂在试制生产、使用和贮运过程中，对其质量要进行分析评定，润滑脂的主要物理、化学性能及其评定项目如下：

1.外观

在玻璃板上涂1mm厚的润滑脂，透过光线下观察，应均匀、透明，没有机械大粒杂质，没有硬皮层，没有板油现象，无吸水过多呈乳状现象等。

2.滴点

润滑脂在规定条件下加热，从仪器中开始滴下第一滴油时的温度称为滴点，单位为℃。滴点是润滑脂的抗热指标。选择润滑脂时，滴点温度比机器温度应高20～30℃，最低也应高出10℃以上。

3.针入度

针入度是用质量为150g的圆锥体，在5s内沉入加热到25℃的润滑脂中的深度，以1/10mm为单位。针入度愈大，则润滑脂愈软；反之，愈硬。针入度的值是选润滑脂的一项重要指标，是划分润滑脂牌号的依据。

针入度等级一般称为润滑脂的牌号。常用的是$0^\#$～$4^\#$，用于干油集中润滑系统的润滑脂，其针入度值不小于270，即应用$1^\#$或$0^\#$，否则输送就有困难。

4.胶体安定性

胶体安定性是润滑脂在长期使用和贮存中抵抗分油的能力，即抵抗固定在胶体结构的纤维的网络骨架中的基础油被分离出来的能力，用析油量表示。析油量愈小胶体安定性愈好。微量分油对质量无大影响，大量分油后的润滑脂不宜贮存过久。

5.水分

润滑脂含水量的百分比称为水分。即在一定条件下用水淋试验机，测定被水冲掉的润滑脂量，以百分数表示；或者加一定百分数水分于润滑脂中，测定加水前后针入度差值。

6.机械杂质

润滑脂的机械杂质多由于制造时使用的是劣质原料，或者在包装、贮运、使用、保管过程中带入了杂质。这些杂质将使机件产生严重磨损，因此在润滑脂中不允许有机械杂质存在。

润滑脂的质量指标还有腐蚀试验，游离酸和碱，氧化安定性，灰分等。

（三）润滑脂的种类、用途和特性

润滑脂按制造时所用的稠化剂分类，如前所介绍的有皂基和非皂基两大类，按针入度大小来分，各种润滑脂又分为几种不同的牌号；按专门用途分，有滚动轴承脂、钢丝绳润滑脂、铁道润滑脂等。

（四）润滑脂的选择

选择润滑脂的主要根据是针入度、滴点、稠入剂及其工作稳定性等。

1.载荷的大小

在同样温度转速下，载荷大的运动副，应采用针入度较小的润滑脂，以保证足够的油膜强度；反之，载荷小的运动副应采用针入度较大的润滑脂。

2.运动速度的大小

运动速度较大的运动副应用针入度较大的润滑脂，以减少搅油功率损失及其转化产生的热量；反之，则采用针入度小的润滑脂。对于干油润滑脂系统因供给润滑脂的管路较长，故应选用针入度较大的润滑脂，使其泵送性好，保证润滑脂能送至润滑点。

3.工作温度高低

在高温下工作的运动副应采用针入度较小的润滑脂，同时还要考虑润滑脂在高温下的氧化安全性等。

润滑脂除了具有和润滑油同样的油性和润滑能力外，与润滑油相比还具有良好的充填能力和保持能力，良好的密封和防护作用，较高的抗碾压能力，较强的减震性等特点。但由于润滑脂的流动性比稀油差，在输送的管道内的阻力大，不能实现循环润滑，并且有启动负荷大、功率损耗大、导热系数小、散热性差、抗氧化安定性差等缺点。因此，在选用润滑材料时，应根据机器设备情况、工作情况、环境情况做具体分析，才能达到理想润滑的目的。

（五）新型润滑材料

在矿山、建材机械的润滑中，除了广泛使用已纳入国家标准的润滑材料外，目前还有许多新型润滑材料正在推广使用。如合成复合铝基脂、膨润土润滑脂、胶体石墨润滑剂、二硫化钼润滑剂、聚四氟乙烯润滑剂等。

第二节　典型零部件的润滑及润滑方式的选择

一、滑动轴承的润滑

对滑动轴承进行合理的润滑，必须了解滑动轴承的结构、材料、工作特性等。通常多数轴承都是利用动压原理形成油膜，而对于一些精密、重型、特低速或特高速的机器，近年来又发展了静压轴承。

（一）滑动轴承的润滑方式

滑动轴承润滑用稀油润滑还是用干油润滑根据下式决定：

$$K = \left(pv^3 \right)^{\frac{1}{2}}$$

（7-1）

式中：K——润滑选择系数；

p——轴颈上平均单位压力，MPa；

v——轴颈的圆周速度，m/s。

$K \leqslant 2$ 时，用润滑脂润滑，一般用干油杯；K 为 $2 \sim 16$ 时，用润滑油润滑，一般用稀油杯；K 为 $16 \sim 32$ 时，用润滑油，用油杯或飞溅润滑，用循环水或油冷却；$K > 32$ 时，用润滑油，必须用压力循环润滑。

（二）滑动轴承用润滑油润滑

滑动轴承用油润滑时，油的黏度等级选择与轴颈直径的大小、轴的旋转速度以及轴承单位面积上载荷的大小有关。在常用普通机械设备上的滑动轴承中，单位面积载荷在 0.49MPa 以下时，可以采用 N15、N22、N32 黏度等级的机械油进行润滑。单位面积载荷在 0.49 ~ 6.37MPa 范围之内时，可以采用 N32、N46、N68 黏度等级的油进行润滑。转速、轴颈直径大的轴承，用油黏度须低一点。转速低，轴颈直径小的轴承，用油黏度适当高一点。

（三）滑动轴承用润滑脂润滑

滑动轴承一般多采用润滑油润滑，当工作条件困难（负荷大，速度低，环境温度高，潮湿、多粉尘）以及结构特点不宜使用润滑油时，才采用润滑脂润滑。

滑动轴承在负荷大，转速低时，选用针入度小的润滑脂，润滑脂的滴点一般宜高于工作温度 $20 \sim 30℃$。在水淋或潮湿环境下，选用钙基、铝基或锂基润滑脂。在水湿条件下，若工作温度高达 $75℃$ 时可选用铝基润滑脂，在更高温下则选用钙钠基润滑脂。若工作温度在 $110 \sim 120℃$ 时，可用锂基或钡剂润滑脂。干油集中润滑系统采用合成复合铝基脂。

二、滚动轴承的润滑

（一）滚动轴承用润滑油润滑

在滚动轴承之中，既有滚动体在滚道内的滚动摩擦，也有滚动体和滚道之间、滚动体和保持架之间、保持架和内外圈之间的滑动摩擦。如果轴承润滑不良，在高速旋转情况下，就会使轴承出现磨损、升温、烧伤，直至全部损坏等情况。如果用油选择不当，黏度选择过小，在轴承滚动体承受的单位面积压力很大的时候，就容易造成润滑油膜断裂，产生磨损加剧的现象。润滑油黏度选择过大，轻则会增大轴承的摩擦阻力，使油温升高；重则会影响油向摩擦表面之间的流动，难以形成油膜，反而对轴承有害。因此，滚动轴承对润滑油的主要要求是，必须具有足够的黏度和较好的稳定性。

对于使用机械油的滚珠及圆柱滚子轴承，在中、低速及常温条件下，一般可以选用 N22、N32、N46 黏度等级的油。转速高、内径大的轴承可以选用黏度略低一点的油。转速低、内径小的轴承可以选用黏度略高一点的油。

对于圆锥滚子轴承、调心滚子轴承和推力调心滚子轴承，由于同时要受到径向和轴向载荷，所以在同一温度条件下，这类轴承比滚珠和圆柱滚子轴承需要用更高黏度的油。在常速、常温条件下，圆锥滚子轴承和调心滚子轴承用油黏度最低限制为 N32 黏度等级的机械油；推力调心滚子轴承用油黏度最低限制为 N46 黏度等级的机械油。

滚针轴承由于具有较大的滑动摩擦，更需要有效地润滑，所以用油的黏度等级与同规格、同速度的滚珠轴承相比较，通常应适当低一点。

关于用油量问题，若用油箱润滑，对于转速在 1500r/min 以下的轴承，允许油位高达下面的一个滚动体的中心线。对于只有一个滚动体中心线轴承，要接触到滚动体才行。若进行滴油润滑，在一般情况下，不能少于每分钟 $3 \sim 4$ 滴。

（二）滚动轴承用润滑脂润滑

因滚动轴承结构及位置的局限性,使用润滑油不方便时(如选粉机立轴轴承),或转速较低,一般都使用润滑脂进行润滑。

三、齿轮及蜗轮传动的润滑

齿轮传动的润滑,主要应考虑轮齿间的正确润滑。至于齿轮箱中的其他件,如轴承等,一般都是和齿轮用同一种油进行润滑。

由于轮齿间的实际接触应力往往很高,齿面上每一点的啮合时间又较短,而且在啮合时滑动与滚动运动相间发生,因此自动形成液体油膜的作用非常微弱。齿轮的润滑主要依靠边界油膜实现。这样,润滑齿轮的油必须具有较高的黏度和较好的油性。负荷越大,选用油的黏度应越大;速度越高,选用油的黏度应越小;工作环境的温度越高,选用油的黏度应越大。除了要具有合适的黏度以外,齿轮润滑油还应具有良好的稳定性、低温流动性、抗泡沫性、防锈性能和抗负荷性能。

对于普通机械设备上的闭式齿轮,常采用N46黏度等级的机械油进行润滑,就可以满足使用要求。对于难以获得油膜润滑的较大负荷的齿轮,应采用黏度更大一些,并且含有添加剂的齿轮油。例如,在冲击负荷的齿轮上,要用铅皂或者含硫添加剂的齿轮油。蜗轮传动装置要用含有动物油油性添加剂的齿轮油。开式齿轮要用易于黏附的高黏度含胶质沥青的齿轮油。

四、润滑方式及装置

各种机器和机械中摩擦部件的润滑都是依靠专门的润滑装置来完成的。润滑方式是指各润滑点实现润滑的方法:是单独润滑还是系统循环润滑,是压力润滑还是无压润滑。为实现各种不同的润滑方式,将润滑材料的进给、分配和引向润滑点的机械、器具和装置统称为润滑装置。

(一)润滑装置的分类

润滑装置按润滑材料供给润滑点的方式,可分为单独润滑和集中润滑两种润滑装置。如果在润滑点附近设置独立的润滑装置,对该润滑点进行供油润滑称单独润滑。由一个润滑装置,同时供给几个或许多润滑点进行润滑,称为集中润滑。

若根据对润滑点的供油性质分类,可分为无压润滑和压力润滑,间歇润滑和连续润滑,流出润滑和循环润滑等方式。这些润滑也都通过不同的润滑装置来实现。所谓无压润滑,是油的供给靠油的重力和毛细管的作用来实现。而压力润滑,则利用压注或油泵实现油的供给。经过一定的间隔时间才进行一次润滑,称为间歇润滑。当机器在整个工作期间连续供油，或在预先调整好的一定的和相同的间隔时间内一次一次地进行供油，称为连续润滑。如果供给润滑材料进行润滑后即排除消耗，称为流出润滑。当供给的润滑油，经过润滑后再返回油箱，经过滤、冷却后又重复循环使用，称为循环润滑。

建材设备是连续作业的，有单独润滑，也有集中润滑，不少设备是采用压力集中循环系统润滑。

（二）常见的润滑方法

1.手工加油润滑

润滑油、脂通过人工使用油枪、油壶，经分散的油杯注入摩擦表面，或者直接将油加到摩擦表面的方法称为手工加油润滑法。这种方法常使用在轻负荷、低速度的摩擦部位，如开式齿轮、链条、钢丝绳等处。它具有方法简单的优点，但存在加油不及时，容易造成设备零件磨损，润滑油、脂利用率较低，油的进给不均匀等弊病。使用这种润滑方法的部位，关键是要注意及时加油。

2.滴油润滑

滴油润滑是通过针阀滴油油杯控制滴油量，使注入其中的润滑油，能利用自重一点一滴地向摩擦表面滴入。这种方法常使用在数量不多，而又容易靠近的摩擦部位，如滑动轴承、滚动轴承、链条、导轨等处。使用滴油润滑必须注意保持容器内的油位，不得低于最高位的1/3高度，定期清洗油杯，采用经过过滤的润滑油，防止针阀阻塞。

3.飞溅润滑

这种方法通常是依靠旋转机械零件，或者附加在轴承上的甩油盘、甩油片，把油池中的油通过飞溅的形式，推到容器壁上，靠集油孔、槽的形式来润滑摩擦部位。它具有封闭润滑，防止沾污，循环润滑，省油防漏，作用可靠，维护简单的优点。常用在齿轮箱、蜗轮蜗杆机构、链条传动等处。使用这种方法进行润滑必须保证油池中规定的油位，并要定期换油。

4.油环、油链及油轮润滑

这种润滑方法是把油环或者油链套在轴上自由旋转，或者将油轮固定在轴上随轴旋转、油环、油链、油轮部分浸泡在油池之中。当轴旋转时，它们就会将油带入摩擦表面，形成自动润滑。与飞溅润滑方法相类似，它具有循环润滑，作用可靠，维护简单的特点。当主轴密封圈保持紧密和弹性时，也不会产生漏油或油受沾污的现象。使用中要注意，必须保证油池中的油位，并进行定期换油。显然，此种方法只适合对处于水平方向上的主轴轴承进行润滑。

设油环的内径为 D（mm），油环深入油池深度 t 由下式决定：

$$t = \frac{D}{6} - \frac{D}{4}$$

（7-2）

5．油绳、油垫润滑

当将油绳、油垫或泡沫塑料等物的一部分浸在油内时，其自身就会产生毛细管作用，出现虹吸现象，连续不断地向摩擦表面供油。这种润滑方式供油均匀，具有过滤作用，常用在低速、轻负荷的轴套和一般机械上。使用这种润滑方法要注意油绳、油垫一般不要和摩擦表面接触，以防被卷入摩擦副内。要定期清洗或者更换油绳、油垫，以免变脏被堵，丧失毛细管作用。要经常保持油位处于正常高度，更换油绳不能打结。

6．强制送油润滑

这种润滑方法是利用装在设备内油池上的小型柱塞泵，通过机械传动装置的带动进行工作，把润滑油从油池送入摩擦部位。它具有维护简单，供油随设备的起闭而起闭，自动均匀的特点，常用在金属切削和锻压等设备上。对于这种润滑方法，要注意保持装置内的清洁，要按规定油位加油，润滑油应经过过滤，防止泵吸入油池中的沉淀物，堵塞油路。

7．压力循环润滑

压力循环润滑通常是利用油泵，将循环系统的润滑油加压到一定的工作压力，然后输送到各润滑部位。使用过的油经回油管送到油箱过滤后，又继续循环使用。该系统装置一般由电机、油泵、油箱、滤油器、分油器、分油槽、油管及控制器件等组成，虽然比较复杂，但能均匀连续供油，油量充足，经久耐用，适于重负荷的主要摩擦表面的润滑。使用这种润滑方法，要求管道畅通，无泄漏，油箱要保持规定油位。

8．集中润滑

集中润滑是用一个位于中心的油箱和油泵及一些分配阀，分送管道，每隔一定的时间，输送定量油、脂到各润滑点。它可以通过手工进行操作，也可以通过专用装置在调整好的时间内，自动配送油、脂。这种方法供油均匀，有周期性，可靠安全，但系统比较复杂，要求油路系统畅通，润滑油、脂清洁，保持规定油位。

此外，还有利用压缩空气通过喷嘴把润滑油喷出雾化，对摩擦副进行润滑的油雾润滑，以及选用自身具有润滑作用的材料制作摩擦副零件的内在润滑等润滑方法。

第三节　提高零件耐磨性的途径

提高机器零件的耐磨性是机器制造中一个亟待解决的任务，这个问题可以通过等离子喷涂、爆炸喷涂、气体火焰喷涂以及电弧金属喷枪等方法来解决。这些方法，可以保证得到具有不同硬度和耐磨性能的涂层。安本粉末喷枪配件的特殊组织和其孔隙度，可改善材料在润滑沿路摩擦条件下的工作特性。浸渍润滑油的涂层在注入机油之后，可以长时间不发生紧涩。例如，巴比特合金轴承与钢喷涂层耦合，在注油中止后工作190h以上仍无紧涩现象。与此同时，对淬火钢，则在2h后即可出现严重磨伤。

机器零件的耐磨性取决于一系列因素：所选择的耦合材料、载荷、相对移动速度、润滑条件、周围工作介质和其温度及摩擦组件的结构等。因此，一般选择摩擦耦合材料时要根据具体条件，并考虑到其经济性。

由于生成氧化物膜或者由于加入硬质成分（如碳化物、硼化物），涂层的耐磨性将随其硬度提高而增加。等离子安本粉末喷枪配件的氧化铁具有良好的耐磨性。

钼被广泛地用作耐磨涂层材料。在强制注入机油的边界摩擦条件下，钼由于和硫（从机油中析出的）有化学亲和力，能与其化合形成二硫化钼。二硫化钼作为固体润滑剂，可明显地提高钼涂层的工作特性。

为了提高零件在干摩擦条件下的耐磨性（如在纺织机械制造中），近年来都广泛采用有二氧化钛（含量达13%）的氧化铝涂层。实验证明，陶瓷涂层的耐磨性随其孔隙度变化而异，而孔隙度则可通过工艺途径和喷涂规范来进行控制。

高温设备用的摩擦耦一般采用石晶和固体润滑剂。等离子安本粉末喷枪配件工艺可以得到包括有软金属基（如镍）的石墨涂层。为此，可以预制成带复镍石墨粒子的专门复合粉末。虽然这类粉末的制造工艺困难，但毫无疑问这类涂层的应用前景是广阔的。

一、影响磨损的因素

影响零件表面磨损的因素很多，例如，材料的性能、表面状况、工作条件、安装和装配质量、润滑等。实际工作中，这些因素之间并非孤立，而是相互间都有影响的。为了便于讨论，现将它们分述。

（一）材料性能的影响

零件材料的耐磨性能对磨损有直接和主要的影响。材料的耐磨性主要取决于其硬度和韧性，硬度高，韧性好，其耐磨性就好。当然硬度也不能过高，以免使脆性增加，出现颗粒状剥落。

摩擦副的金属材料，应选互溶性小的，这样的金属不易相互黏结，磨损也就小。

材料的晶体结构也会对磨损产生影响，晶体结构为密排六方晶体的金属，即使在表面很干净时也不发生严重的黏结，其摩擦系数不大，摩擦率也小，而面心立方晶格及体心立方晶格的金属摩擦系数均较大。

铸铁及钢材中加入合金元素后对其耐磨性有较大影响。例如，在铸铁中加入适量的镍、铬、铂等元素可提高耐磨性。钢中加入铬后能形成坚硬的碳化物，提高其耐磨性；增加钢中锰的含量，能显著提高钢的耐磨性。

钢材经过淬火渗碳、氰化等热处理和化学处理后，也可大大提高耐磨性。

（二）表面加工质量的影响

表面加工质量的影响，主要是指表面粗糙度对磨损的影响。由于机床的振动、刀具的刃痕等影响，即使看上去非常光洁的加工表面，也存在着凹凸不平。一般说来，光洁的表面耐磨性好，所以要求加工表面粗糙度要小。例如，对黏着磨损，摩擦副表面愈光洁，抗黏附磨损的能力就愈大；对疲劳磨损，表面粗糙度值由 $0.5\mu m$ 降低到 $0.2\mu m$，疲劳磨损寿命可提高 $2 \sim 3$ 倍。当然，也不能单纯地提高表面光洁度，否则将适得其反或收不到预想的结果。这是因为零件的磨损还要受到载荷性质、速度特性、工作温度、润滑条件等因素的综合影响。例如，过分的降低摩擦副表面粗糙度，就会因为润滑剂不能存在于摩擦面间，反而要加速黏着磨损；接触应力小时，表面粗糙度对疲劳磨损影响不大，接触应力大时，表面粗糙度对疲劳磨损影响才比较大。因此，对于疲劳磨损，只有在接触应力比较大时，降低表面粗糙度才有意义。

（三）零件工作条件的影响

1. 载荷的影响

载荷的影响包括载荷的大小、性质及方向和作用点等几个方面。一般地，单位面积载荷愈大，零件磨损就愈大，但在不同润滑的条件下，有所不同。载荷的性质，无论是均匀载荷还是交变载荷，对磨损都有很大的影响，显然，冲击载荷会加快零件的磨损。载荷的方向不同，作用点不同，所引起的磨损情况也不同，有的为均匀磨损，有的为局部磨损。

2. 速度的影响

速度大小对零件的磨损影响比较复杂。一般说来，速度高，磨损就大。启动和停止对零件的磨损影响也较大，频繁的启停会大大降低零件的耐磨性。

3. 温度的影响

（1）温度升高使材料硬度降低，因而使磨损增大。

（2）高温下，周围大气中的氮与金属表面发生作用，形成一层硬表面层，从而降低磨损。

（3）温度升高，润滑油氧化、热解而变质，因而使润滑油失去或降低减少磨损的效能。

4. 周围环境的影响

零件周围环境有无潮气或其他有害气体、液体等腐蚀介质以及尘粒等，对磨损有直接的、很大的影响，如水泥厂的球磨机。如果主轴承密封不好，在灰尘大的环境中会很快磨损。

（四）装配和安装质量的影响

机器中各零部件的装配及整机安装正确与否，对机器的正常运转、各零部件的磨损情况及使用寿命，都有很大的影响。如装配、安装不正确，就会引起载荷分布不均或产生附加载荷，使机器运转不灵活，产生振动、发热，造成零件过早磨损，失去精度和功能，甚至导致设备发生事故。反之，如能保证部件装配和整机安装质量，就能保证机器正常运转，降低或至少能保持零件的正常磨损。例如，在装配齿轮时，应保证齿轮啮合沿齿宽的接触精度，使印痕总长大于齿宽的60%，接触印痕在节圆上，这样不仅可防止早期疲劳磨损，还可提高耐疲劳磨损寿命。

（五）润滑的影响

在摩擦副的表面加入润滑材料，形成一层油膜，将摩擦表面隔开，能起到减小摩擦、降低磨损的作用，特别是液体润滑，减磨效果更显著。如果相对运动的零件表面间不进行润滑或者润滑油膜遭到破坏，那么零件就将很快被磨损。例如，球磨机的主轴承，如果润滑中断，就会产生烧瓦的严重后果。因此，应根据机器设备本身的结构特点、工作条件以及润滑剂的性能，选用合适的润滑剂（油、脂、固体），对机器设备进行正确的润滑，保证各个运动件间都有良好的润滑状态。

二、减少磨损的途径

由上述可知，磨损的现象是相当复杂的，产生各种磨损的原因和机理有物理的、化学的、机械的等，影响磨损的因素也很多，有内部的和外部的，我们研究摩擦和磨损的目的是有效的提高机械零件的耐磨性，延长使用寿命。减小磨损的途径很多，现介绍如下几种：

（一）正确选择材料

正确选择摩擦副的材料对提高零件的耐磨性具有重要意义，在设计中应根据不同的磨损类型加以考虑。

1.对于以黏着磨损为主的摩擦副

因为：①互溶性大的材料所组成的摩擦副黏着倾向大；②多相金属比单相金属、金属中化合物比单相金属固液体黏着倾向小；③金属与非金属材料（如石墨、塑料等）组成的摩擦副比金属与金属组成的摩擦副黏着倾向小。因此，可采用表面处理工艺来使摩擦表面生成互溶性小、多相、带有化合物的组织，以降低黏着磨损，或者采取非金属涂层或材料及避免同种金属摩擦副的方法来减少黏着磨损。

2.对于磨料磨损摩擦副

经过对低应力擦伤式磨料磨损进行试验，结果表明：①在相同条件下，耐磨性随材料硬度的增加而增加；②硬度相同的材料，碳化物相愈多，耐磨性愈好。因此，对摩擦中会产生低应力擦伤式磨料磨损的零件，为了提高其耐磨性，应采用适当的热处理方法以增加材料的硬度，并使其组织结构中碳化物相增多。对于高应力碾碎式磨料磨损，用球磨机钢球进行试验，结果表明：材料在受高应力冲击负荷作用后，其表面就会加工硬化，加工硬化后的硬度愈高，耐磨性就愈高。因此，在产生高应力碾碎式磨料磨损的地方，应选用加工硬化率高的材料作为摩擦材料，如破碎机锤头，用高锰钢制造就会呈现很好的耐磨性。

3.对于疲劳磨损摩擦副

钢材中的有害非金属夹杂物，如氧化物、硅酸盐等应尽可能少。钢中的固溶体含碳量应控制适量，不能过多或过少；未溶碳化物含量也应适当，并使其颗粒小、少、匀、圆，对于轴承钢，其固溶体含碳量应控制在0.53%左右，未溶碳化物含量应控制在6.5%内。

（二）正确地选择润滑材料

1.润滑是减少摩擦和磨损的有效途径。润滑状态对黏着磨损有很大影响。试验表明，边界润滑的黏着磨损值大于流体动压润滑时的黏着磨损值；而流体动压润滑时的黏着磨损值又大于流体静压润滑时的黏着磨损值。在润滑油（脂）中加入油性添加剂或极性添加剂，可提高油膜的吸着能力和强度，因而能成倍地提高抗黏着磨损能力。

2.润滑油的黏度愈高，接触部分的压力愈接近平均分布，抗疲劳磨损的能力就愈高；反之，油的黏度愈小，愈容易渗入疲劳裂纹中，加速裂纹扩展，从而加速疲劳磨损。若润滑油中的含水量较多，就会降低黏度，也就会加速疲劳磨损，因此，应严格控制润滑油的含水量。此外，润滑油中适当加入固体润滑剂也能提高抗疲劳磨损性能。

3.进行表面处理。

4.实践中，常采用各种表面处理方法来提高零件表面的耐磨性。

5.滚压加工表面强化处理，既能降低表面粗糙度，又可提高表面层硬度20%～50%，还可增加表面层的残余压应力40%～80%，从而提高零件的耐磨性。

6.表面化学处理，如渗碳、氮化、磷化、塑性涂层等均可提高零件的耐磨性和抗腐蚀性。

7.表面耐磨处理，如电镀、各种化学沉积法、物理气相沉积法、离子氮化、离子喷镀、金属喷涂等。

8.正确地进行结构设计。

9.摩擦副正确的结构设计是减少磨损、提高耐磨性的重要保证，因为这有利于摩擦副表面间保护膜的形成和保持，有利于压力均匀分布，有利于摩擦热的散失和磨屑的排出，有利于防止外界有害介质的进入等。如轴承设计，为保证能形成连续稳定的油膜最佳结构参数，除考虑轴承宽径比、相对间隙、最小油膜厚度外，还要使油槽不开在油膜承载区内，否则就会破坏油膜的连续分布，降低承载能力，使轴颈与轴瓦磨损增大。

10.由于磨损在实际上是不可避免的，因此在很多情况下把相对运动的部件设计成其中一个零件的磨损率很低，而另一个相配零件的磨损率较高，以便更换它。例如，更换内燃机曲轴的代价很大，因此曲轴用硬钢制造，而支承它的轴承衬用价格较低且质地软得多的金属（轴承合金）制造，这样就可保证曲轴磨损很小，长期使用。再如，球磨机的磨头中空轴，价格很贵，不能随便更换，因此将它设计成用硬钢铸造，而球面轴承的轴瓦用巴氏合金，软金属的巴氏合金磨损后，更换或修理比较方便、容易。另外，采用软金属轴承还可以嵌着外来磨粒，防止轴颈磨伤；即使在润滑油全部漏失的情况下，也因其熔点很低，而能使轴颈在短时间内避免损伤。

（三）正确使用、维护和保养

正确使用、维护和保养机器设备是减少磨损，延长使用寿命的主观保证。任何机械设备，结构设计得再合理，材料选用得再恰当，如果不能正确地进行操作、使用不善于进行维护、保养，那么也会使它很快磨损，大大缩短其使用寿命。例如，对零件进行良好的防尘及经常清洗，就能很好地改善磨料磨损的状况，否则，如球磨机的主轴承，若不很好地维护，使尘沙进入，就会很快被磨坏。润滑材料选择虽然很正确，但不能很好地保管和使用也是徒劳的。

第四节 机电设备的使用与维护

一、机电设备的使用与要求

机电设备的安全使用与维护是指设备投入使用之后，正确操作、合理地进行技术维护和设备润滑工作的整个过程。其目的是保障人身与设备安全，充分发挥设备的技术性能，减少修理工作，延长设备的使用寿命，从而提高企业的经济效益。

（一）机电设备使用前的准备工作

编制设备使用的有关技术资料，如设备操作维护规程、设备润滑卡、设备日常检查卡和定期检查卡等。

对操作人员进行培训，一方面是技术教育培训，内容包括帮助操作人员掌握设备的结构性能、使用维护、日常检查和实际操作等；另一方面是安全教育培训，内容包括设备的安全操作、工厂安全的基本知识以及安全管理制度等。

配备工具检查，配备的工具主要是指检查、维护及操作设备所需要的各种仪器、量具和刀具等。

设备检查，是检查设备的安装、精度、性能、安全装置及设备附件是否符合要求。

（二）机电设备使用中应注意的问题

机电设备应严格按照设备使用说明书的要求使用，除此之外，在机电设备的使用中还应注意以下问题：

1.根据企业本身的生产特点和工艺过程，经济合理地配备各种类型的设备。企业必须根据工艺技术要求，按一定比例配备自身所需的各种各样的设备。另外，随着企业生产的发展、产品品种和数量的增加，工艺技术也需变动。因此，必须及时地调整设备间的比例关系，使其与加工对象和生产任务相适应。

2.根据各种设备的性能、结构和技术特征，恰当地安排生产任务和工作负荷。尽量使设备物尽其用，避免"大机小用"和"粗机精用"等现象。

3.为设备配备具有一定熟练程度的操作者。为了充分发挥设备的性能，使机器设备在最佳状态下使用，必须配备与设备使用要求相适应的操作者。操作者要熟悉并掌握设备的性能、结构、加工范围和维护保养知识。新操作者上机前一定要进行技术考核，合格后方可独立操作设备。对精密、复杂以及对生产具有关键性的设备，应指定具有专门技术的操作者去操作。实行定人定机，凭操作证上岗。

4.为设备创造良好的工作环境。机器设备的工作环境对机器的精度性能有很大影响，不仅对高精度设备的温度、灰尘、振动、腐蚀等环境需要严格控制，而且对于普通精度的设备也要创造良好的条件。

5.对职工进行正确使用和爱护设备的宣传教育。职工群众对机器设备爱护的程度，对于设备的使用、维护以及充分发挥设备效率有着重要影响。企业一定要经常对职工进行思想教育和技术培训，使操作人员养成自觉爱护设备的风气和习惯，使设备经常保持清洁、安全并处于最佳技术状态。

6.制定有关设备使用和维修方面的规章制度，建立健全的设备使用责任制。有关设备使用和维修方面的规章制度，需要根据设备说明书中注明的各项技术条件制定。规章制度一经确定，就要严格执行。企业的各级领导、设备管理部门、生产班组长和生产工人在保证设备合理使用方面，都负有相应的责任。

二、机电设备的维护与要求

设备的使用和维修保养在于日常控制和管理。好的设备若得不到及时的维修保养，就会常出故障，缩短其使用年限。对设备进行维修保养是保证设备运行安全，最大限度地发挥设备的有效使用功能的唯一手段。因此，对设备设施要进行有效的维修与保养，做到以预防为主，坚持日常保养与科学计划维修相结合以提高设备的良好工况。设备维护保养的内容一般包括日常维护、定期维护、定期检查和精度检查，设备润滑和冷却系统维护也是设备维护保养的一个重要内容。

（一）机电设备的维护

机电设备维护是指消除设备在运行过程中不可避免的不正常技术状况（如零件的松动、干摩擦、异常响声等）的作业。机电设备的维护必须达到整齐、清洁、润滑和安全四项基本要求。根据设备维护保养工作的深度、广度及其作业量的大小，维护保养工作可以分为以下几个类别：

1.日常保养（例行保养）

其主要内容是：对设备进行检查加油；严格按设备操作规程使用设备，紧固已松动部位；对设备进行清扫、擦拭，观察设备运行状况并将设备运行状况记录在交接班日志上。这类保养较为简单，大部分工作在设备的表面进行，每天由操作工人进行。

2.一级保养（月保养）

其主要内容是：拆卸指定的部件，如箱盖及防护罩等，彻底清洗，擦拭设备内外；检查、调整各部件配合间隙，紧固松动部位，更换个别易损件；疏通油路，清洗过滤器，更换冷却液和清洗冷却液箱；清洗导轨及滑动面，清除毛刺及划伤；检查、调整电器线路及相关装置。设备运转1～2个月（两班制）后，以操作工人为主，维修工人配合，进行一次一级保养。

3.二级保养（年保养）

除包括一级保养内容以外，二级保养还包括：修复、更换磨损零件，调整导轨等部件的间隙；电气系统的维修；设备精度的检验及调整等。设备每运转一年后，以维修工人为主，操作工人参加，进行一次二级保养。

（二）设备维护保养的要求

1. 清洁

设备内外整洁，各滑动面、丝杠、齿条、齿轮箱、油孔等处无油污，各部位不漏油、漏气，设备周围的切屑、杂物、脏物要清扫干净。

2. 整齐

工具、附件、工件（产品）要放置整齐，管道、线路要有条理。

3. 润滑良好

按时加油或换油，不断油，无干摩擦现象，油压正常，油标明亮，油路畅通，油质符合要求，油枪、油杯、油毡清洁。

4. 安全

遵守安全操作规程，不超负荷使用设备，设备的安全防护装置齐全可靠，及时消除不安全因素。

（三）机电设备的日常维护实例

数控机床是典型的机电设备，机械本体与数控装置是其重要的组成部分，做好这两部分的维护与保养工作尤为重要。数控机床机械本体主要由机床主轴部件、传动机构、导轨等部分组成。

1. 主轴部件的维护与保养

主轴部件主要由主轴、轴承、主轴准停装置、自动夹紧和切屑清除装置组成。数控机床主轴部件的润滑、冷却与密封是机床使用和维护过程中需要注意的问题。良好的润滑效果可以降低轴承的工作温度，延长使用寿命。所以，在使用操作中要做到：低速时，采用油脂、油液循环润滑方式；高速时，采用油雾、油气润滑方式。在采用油脂润滑时切忌随意填满，因为油脂过多，会加剧主轴发热；采用油液循环润滑时，每天检查主轴润滑油箱，观察油量是否充足，如油量不够，应及时添加润滑油，同时检查润滑油温度范围是否合适。主轴部件的密封不仅要防止灰尘、金属碎屑和切削液进入主轴部件，还要防止润滑油的泄漏。主轴部件的密封有接触式密封和非接触式密封。对于采用油毡圈和耐油橡胶密封圈的接触式密封，要检查其是否老化或破损；对于非接触式密封，要检查回油孔是否通畅。

2. 传动机构的维护与保养

传动机构主要包括伺服电动机、检测元件、减速机构、滚珠丝杠螺母副、丝杠轴承和运动部件（工作台、主轴箱、立柱等）。滚珠丝杠螺母副除了对单一方向的进给运动精度有要求外，对轴向间隙也有严格的要求，以保证反向传动精度。因此，在操作使用中要及时检查由于丝杠螺母副的磨损而导致的轴向间隙。常用的消除滚珠丝杠螺母副轴向间隙的结构形式有三种：垫片调整间隙形式、螺纹调整间隙形式和齿差调整间隙形式。对于丝杠螺母的密封，要注意检查密封圈和防护套，以防止灰尘和杂质进入滚珠丝杠螺母副。

3.机床导轨的维护与保养

机床导轨的维护与保养主要是导轨的润滑和防护。导轨润滑的目的是减少摩擦阻力和摩擦磨损，以避免低速爬行。对于滑动导轨，采用润滑油润滑；而对于滚动导轨，则采用润滑油或者润滑脂均可。导轨的油润滑一般采用自动润滑，在操作使用中要注意检查自动润滑系统中的分流阀，如果它发生故障则会造成导轨不能自动润滑。此外，必须做到每天检查导轨润滑油箱油量，如果油量不够，则应及时添加润滑油；同时要注意检查润滑油泵是否能够定时启动和停止，是否能够提供润滑油。在数控机床的操作使用中，要注意防止切屑、磨粒或切削液散落在导轨面上，否则会引起导轨的磨损加剧、擦伤和锈蚀。

数控装置是数控机床电气控制系统的核心，数控装置的日常维护主要包括以下几方面：

（1）严格制定并执行数控装置日常维护的规章制度。根据不同数控机床的性能特点，严格制定其数控系统日常维护的规章制度，并在使用和操作中严格执行。

（2）尽量减少开启数控柜门和强电柜门的次数。在机械加工车间的空气中往往含有油雾和尘埃，它们一旦落入数控系统的印刷线路板或电气元件上，容易引起元件的绝缘电阻下降，甚至导致线路板或者电子元件的损坏。所以，在工作中应尽量少开数控柜门和强电柜门。

（3）定时清理数控装置的散热通风系统，以防止数控装置过热。散热通风系统是防止数控装置过热的重要装置。为此，应每天检查数控柜上各个冷却风扇运转是否正常，每半年或者一季度检查一次通风道过滤器是否有堵塞现象。

（4）经常监视数控装置用的电网电压。数控装置对工作电网电压有严格的要求，其允许电网电压在额定值的85% ～ 110%的范围内波动，超出范围会造成数控系统不能正常工作，甚至会引起数控装置内部电子元件的损坏。因此，要经常检测电网电压，并控制在额定值的允许范围内。

（5）存储器用电池的定期检查和更换。通常，数控装置中CMOS存储器中的存储内容在断电时要靠电池供电保持。一般采用锂电池或者可充电的镍镉电池。当电池电压下降到一定值时，就会造成数据丢失，因此，要定期检查电池电压。当电池电压下降到限定值或者出现电池电压报警时，就要及时更换电池。更换电池时一般要在数控装置通电状态下进行，这才不会造成存储参数丢失。

（6）数控装置发生故障时的处理。一旦数控装置发生故障，操作人员应采取急停措施，停止系统。

4.润滑油系统的维护与保养

（1）润滑油的选择和使用应注意以下事项：

①透明度好。质量好的润滑油应清澈透明，无色或淡黄色，设备正常运转时的润滑油颜色应为微红色，若为暗红则应做油质化验。

②黏度适宜。不同制冷剂对黏度要求不同，应选择适当的润滑剂。随着压缩机运行时间的增长，当润滑油的黏度下降15%，颜色显著变深时，应予以更换。

③浊点低。润滑油中低温时，应具有良好的流动性，但不会析出石蜡，如浊点高，有石蜡析出时，将会降低蒸发器的传热效果，影响制冷性能，应考虑更换润滑油品种。

④良好的化学稳定性和对系统中材料的相容性。压缩机中润滑油在高温和金属的催化作用下与制冷剂、水和空气接触，会引起分解、聚合和氧化反应生成焦炭和沉淀物。这些性质会破坏气阀的密封性。出现此情况，应对润滑油进行更换，并对系统进行清洗。

（2）制冷压缩机润滑油的冲灌方法：

①用齿轮油泵或手压油泵，通过曲轴箱的三通阀或放油阀直接加油。但应注意在加油过程中不得使曲轴箱内压力升高。

②用真空泵将压缩机内部抽成真空，利用大气压力将润滑油压入。离心式压缩机应接通油槽下部电热器，加温至50～60℃。

③关闭压缩机吸气阀，启动排气阀，启动压缩机，将曲轴箱压力降至表压为零，慢慢开启曲轴箱下的加油阀，油即进入曲轴箱。注意油管不得露出油面，以免吸入空气。当油达到要求时，关闭加油阀。氟利昂压缩机可以从吸气阀的多用桶吸入润滑油，流至曲轴箱内运行，保护好现场，并协助维修人员做好维修前期的准备工作。

参考文献

[1] 连潇,曹巨华,李素斌.机械制造与机电工程[M].汕头:汕头大学出版社,2022.

[2] 李建松,许大华,毕永强,等.机械制造技术[M].北京:机械工业出版社,2022.

[3] 马晋芳,乔宁宁.金属材料与机械制造工艺[M].长春:吉林科学技术出版社有限责任公司,2022.

[4] 于爱武.机械制造技术应用[M].北京:北京理工大学出版社,2019.

[5] 黄力刚.机械制造自动化及先进制造技术研究[M].北京:中国原子能出版传媒有限公司,2022.

[6] 彭江英,周世权,田文峰.机械制造工艺基础[M].第4版.武汉:华中科技大学出版社,2022.

[7] 李聪波,刘飞,曹华军.机械加工制造系统能效理论与技术[M].北京:机械工业出版社,2022.

[8] 陈艳芳,邹武,魏娜莎.智能制造时代机械设计制造及其自动化技术研究[M].北京:中国原子能出版传媒有限公司,2022.

[9] 张建成.机械CAD/CAM技术:第4版[M].西安:西安电子科学技术大学出版社,2022.

[10] 米国际,王迎晖,沈景祥,等.机械制造基础[M].北京:国防工业出版社,2019.

[11] 赵建中,冯清.机械制造基础[M].第4版.北京:北京理工大学出版社有限责任公司,2021.

[12] 喻洪平.机械制造技术基础[M].重庆:重庆大学出版社,2021.

[13] 林江.机械制造基础[M].第2版.北京:机械工业出版社,2021.

[14] 张维合.机械制造技术基础[M].北京:北京理工大学出版社,2021.

[15] 张择瑞.工程材料与机械制造基础[M].合肥:合肥工业大学出版社有限责任公司,2021.

[16] 于兆勤,谢小柱.机械制造技术训练[M].第3版.武汉:华中科技大学出版社,2021.

[17] 卞洪元.机械制造工艺与夹具[M].第3版.北京:北京理工大学出版社,2021.

[18] 陈玲,李云霞.机械制造基础双色版[M].西安:西北工业大学出版社,2021.

[19] 许桂云,袁秋,杨阳.机械制造基础:智媒体版[M].成都:西南交通大学出版社,2021.

[20] 成红梅,何芹,王全景,等.机械制造基础:3D版[M].北京:机械工业出版社,2021.

[21]汪洪峰.机械制造技术基础[M].合肥：安徽大学出版社，2020.

[22]刘俊义.机械制造工程训练[M].南京：南京东南大学出版社，2020.

[23]李琼砚，程朋乐.机械制造技术基础[M].北京：中国财富出版社，2020.

[24]何水龙.机械制造企业项目管理[M].长春：吉林出版集团股份有限公司，2020.

[25]熊良山.机械制造技术基础[M].第4版.武汉：华中科技大学出版社，2020.

[26]万宏强.机械制造技术课程设计[M].北京：机械工业出版社，2020.

[27]黄健求，韩立发.机械制造技术基础[M].第3版.北京：机械工业出版社，2020.

[28]关慧贞.机械制造装备设计[M].第5版.北京：机械工业出版社，2020.

[29]王红军，韩秋实.机械制造技术基础[M].第4版.北京：机械工业出版社，2020.

[30]赵时璐.普通高等教育十三五规划教材机械制造基础[M].北京：冶金工业出版社，2020.